名师带你学识图

建筑识图零基础入门
（第2版）

孟　炜　主　编

王秀敏　副主编

江苏凤凰科学技术出版社

图书在版编目(CIP)数据

建筑识图零基础入门 / 孟炜主编. —2 版. —南京：
江苏凤凰科学技术出版社，2015.5
（名师带你学识图）
ISBN 978-7-5537-4382-0

Ⅰ.①建…　Ⅱ.①孟…　Ⅲ.①建筑制图—识别　Ⅳ.
①TU204

中国版本图书馆 CIP 数据核字(2015)第 082913 号

名师带你学识图
建筑识图零基础入门(第 2 版)

主　　　编	孟　炜	
副 主 编	王秀敏	
项 目 策 划	凤凰空间/翟永梅	
责 任 编 辑	刘屹立	
特 约 编 辑	翟永梅	
出 版 发 行	凤凰出版传媒股份有限公司	
	江苏凤凰科学技术出版社	
出版社地址	南京市湖南路 1 号 A 楼，邮编：210009	
出版社网址	http://www.pspress.cn	
总 经 销	天津凤凰空间文化传媒有限公司	
总经销网址	http://www.ifengspace.cn	
经 销	凤凰出版传媒股份有限公司	
印 刷	北京市十月印刷有限公司	
开 本	710 mm×1 000 mm　1/16	
印 张	7.75	
插 页	8	
字 数	202 000	
版 次	2017 年 2 月第 2 版	
印 次	2017 年 2 月第 3 次印刷	
标 准 书 号	ISBN 978-7-5537-4382-0	
定 价	22.00 元	

图书如有印装质量问题，可随时向销售部调换（电话：022－87893668）。

内容提要

《名师带你学识图——建筑识图零基础入门》是依据《房屋建筑制图统一标准》（GB/T 50001—2010）、《总图制图标准》（GB/T 50103—2010）、《建筑制图标准》（GB/T 50104—2010）、《建筑结构制图标准》（GB/T 50105—2010）、《给水排水制图标准》（GB/T 50106—2010）和《暖通空调制图标准》（GB/T 50114—2010）等国家标准对建筑工程识图的要求，按照国家岗位职业标准及有关规定编写的，详细介绍了房屋的建筑、结构、装饰识图的基本理论、图样表达方法，建筑施工图、结构施工图、装饰施工图的识读方法。本书注重实用性，将识图的基本理论与施工图实例相结合，通过阅读工程实例图纸快速掌握识读图的方法和技能。

《名师带你学识图——建筑识图零基础入门》图文并茂、形式简明、图例实用，由浅入深、循序渐进地讲述了建筑识图和读图的基本要点。初学者可以通过学习掌握识读建筑工程图样的基本技能，对建筑工程图纸有一个较为全面的了解。

本书可供从事建筑施工、建筑装饰施工、工程监理的技术人员、管理人员自学使用，也可作为土建类专业岗位人员培训及大中专院校相关专业的教材使用。

前　　言

工程图样被称为"工程界的技术语言"，建筑施工图纸是工程技术人员科学表示实际建筑的书面语言，了解施工图的基本知识并正确理解设计意图，看懂施工图纸，是建筑施工技术人员、建筑装饰施工人员、工程监理人员和工程管理人员应掌握的基本技能。

近年来，随着我国经济建设的快速发展，建筑工程的规模日益扩大，建筑行业从业人员数量日益增加，为了帮助刚刚进入这个行业的人们系统地了解识图的基本知识和掌握建筑工程识图的本领，编者结合多年从事工程实践、工程图学研究及建筑结构教学的经验编写了此书。

全书共分6章，第1章建筑识图的基本知识和第2章投影的基本知识，侧重介绍了相关的国家最新规范、标准和制图规则等；第3章建筑施工图识读、第4章结构施工图识读与第5章建筑装饰施工图识读，主要介绍房屋建筑的建筑、结构和装饰施工图的组成、常用图例符号和识读的一般步骤以及建筑构造等内容，第6章为工程实例，通过对工程实际图纸的讲解强化前5章内容。

本书由哈尔滨铁道职业技术学院教师孟炜主编，王秀敏担任副主编。在本书的编写过程中，黑龙江建工建筑设计研究院栾波完成了部分图表的绘制，黑龙江恒大伟业房地产开发有限公司董达完成了部分书稿的校核工作，在此一并表示衷心的感谢。

限于编者水平有限，加上时间仓促，本书难免存在疏漏之处，恳请广大读者给予批评指正。

编者

2015 年 4 月

目　　录

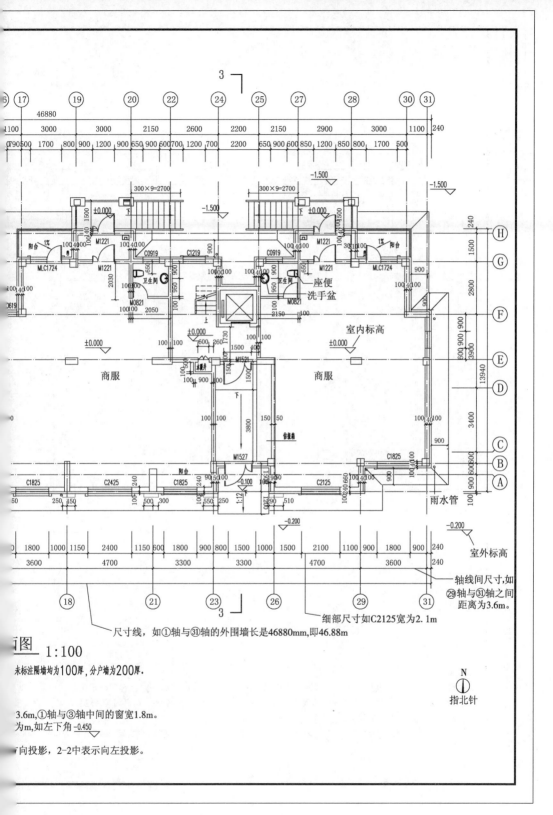

会签栏

规划（建筑）
结构
给排水
暖通
电气

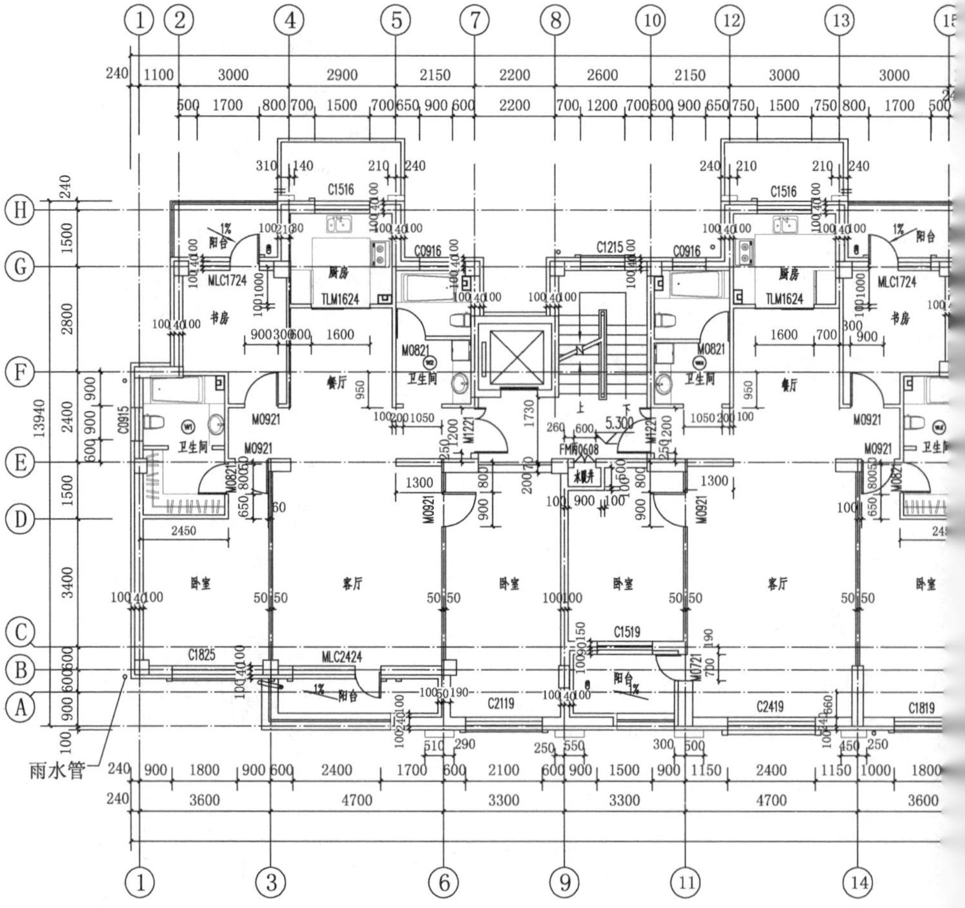

标准

凡扩初、施工图未经本院盖出图专用章一律无效

签章

本页解读：

1.本页是标准层的平面图，是住宅布置，图中已标出各房间的名称，如卧室、客厅、卫生间……从整体

单元，是关于⑯轴对称的，每个单元有一部楼梯和一部电梯，有两户，入户门为M1221，两户的户型

室，1个书房，2个卫生间，1个厨房，1个餐厅。

2.标出各个房间的轴线尺寸。如左边单元带阳台的客厅，两墙之间的轴线宽为4.7m,长为600+3400+

5.5m。

蓝灰色瓦　　　　　　　　灰褐色干挂理石

24.400　　　　25.000　　　24.400　　　25.835

23.800

面图　1:100

③1

插页3

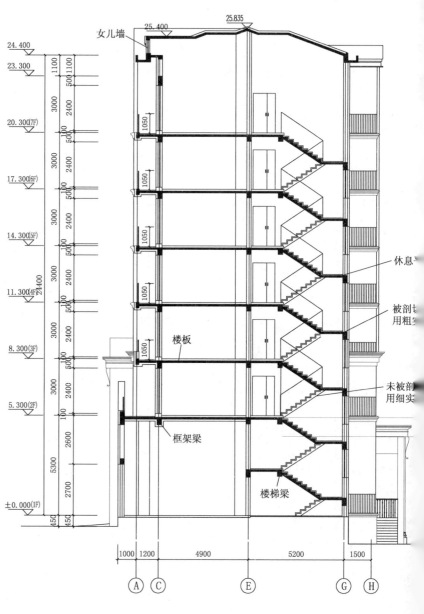

规划(建筑)结构给排水暖通电

会签栏

凡扩初、施工图未经本院盖出图专用章一律无效

签章

1-1剖面图 1:100

本页解读:
1.本页是1-1剖面图和2-2剖面图。剖切到的地方用粗实线画出,具体剖切位置对照一层平面图,可以看出
2.1-1剖面图的左侧和2-2剖面图右侧是标高。如一层楼的室外地坪是±0.000,二层楼两层的高度是5.3m
3.除标高外还有三层尺寸标注。竖向最外层尺寸线是结构层总高24.4 m。中间层尺寸线是建筑层高,如三

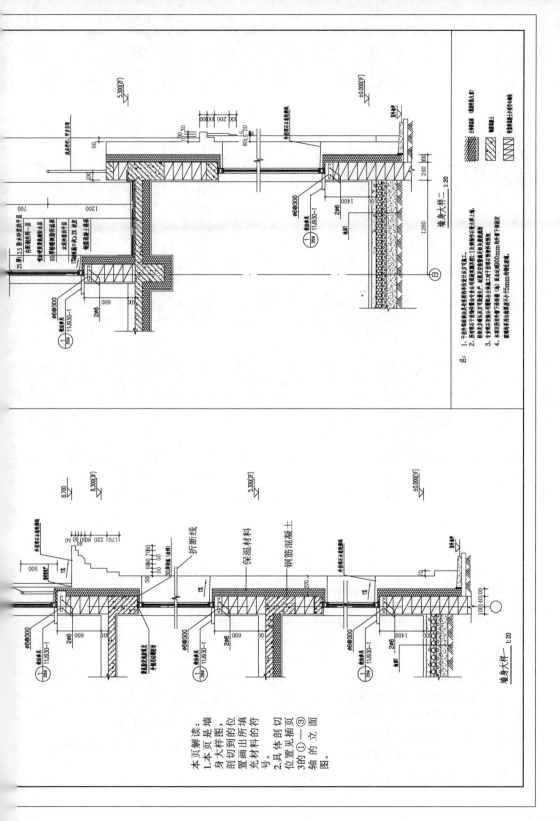

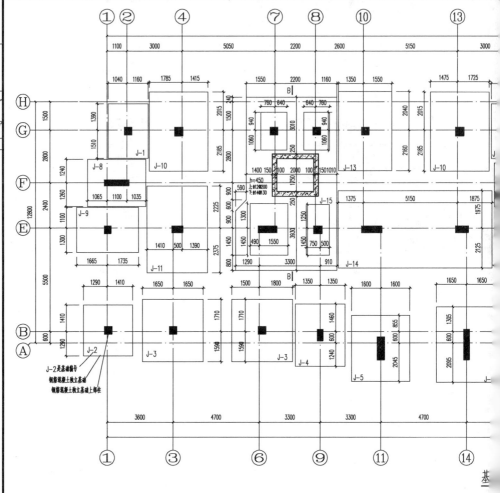

基

J-2是基础编号
钢筋混凝土独立基础
钢筋混凝土独立基础上部柱

本页解读:

1.本页是基础平面布置图。从图中可以看出,基础是钢筋混凝土独立基础。

2.每个基础都有相应的编号,如J-1、J-2……以J-2为例说明具体做法。

3.右侧的J-2图中上部分是J-2基础的断面图,下部分是J-2基础平面图。

设计说明:

1.±0.000相对应的绝对标高为42.400。

2.基础持力层为粉质粘土,地基承载力特征值f_{ak}=130kpa。

3.放线时须与建筑图核对无误后方可开槽,基础施工前需经专业部

门进行地基加固检测,检测结果合格且提供有效报告后方可施工。

地基开挖后须尽快浇注基础,不得被水浸泡。

4.基坑回填土应分层碾压夯实,分层厚度,300mm压实系数不小于0.94。

5.基础、地梁的混凝土均为C30,垫层的混凝土为C15。

6.钢筋保护层厚度:基础为40mm,地梁为35mm。

7.梯梁及梯梁及楼梯基础详梯梯图。

8.外墙基础梁底填400mm厚,炉渣层宽度为400mm。

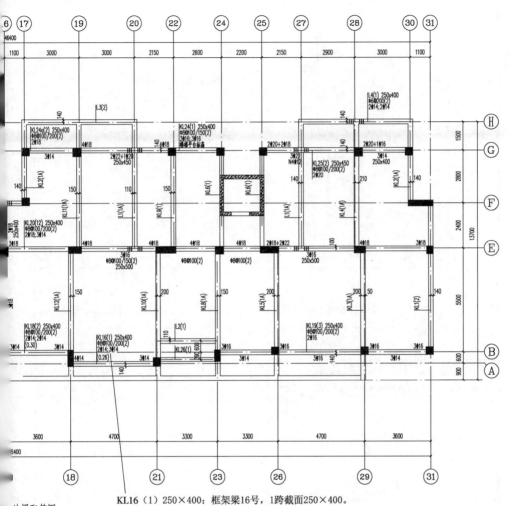

处梁配筋图 1:100

KL16（1）250×400：框架梁16号，1跨截面250×400。

φ8@100/200（2）：箍筋，HRB300钢筋，直径8，加密区间距100，非加密区间距200，2肢箍。

2⊈14；3⊈14：梁上排纵筋2根，HRB400钢筋，直径14；下排纵筋3根，HRB400钢筋，直径14。

（0.26）：梁顶标高比楼面标高高0.26m。

筋配筋图，是目前使用最广泛的平法标注图，每一楼层都有梁配筋图，本书中仅以8.200m标高处

图为例讲解梁平法标注的读法（平法是"钢筋混凝土结构平面整体表示法"的简称）。

见本书86页。

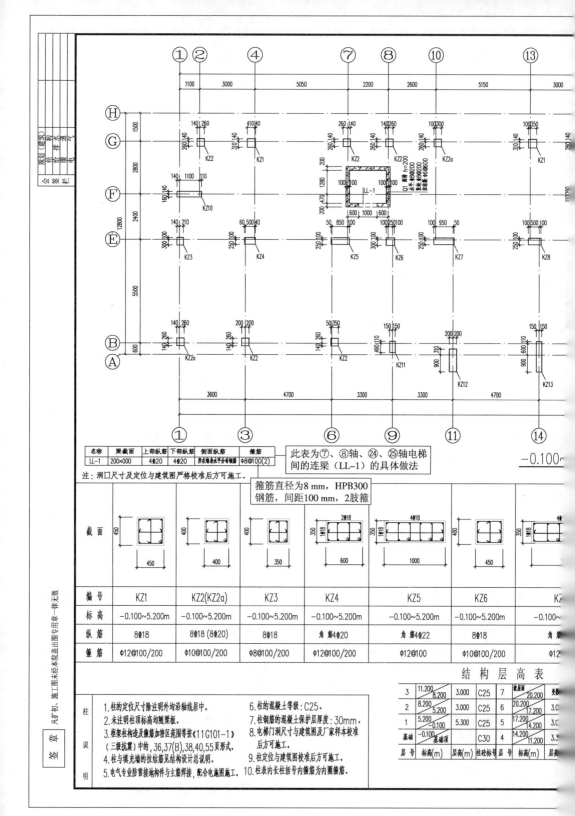

梁表/连梁表:

名称	梁截面	上部纵筋	下部纵筋	侧面纵筋	箍筋
LL-1	200×000	4Φ20	4Φ20	同墙身水平分布钢筋	Φ8@100(2)

注：洞口尺寸及定位与建筑图严格校准后方可施工。

此表为⑦、⑧轴、㉔、㉕轴电梯间的连梁（LL-1）的具体做法

箍筋直径为8 mm，HPB300钢筋，间距100 mm，2肢箍

-0.100~

柱表：

编号	KZ1	KZ2(KZ2a)	KZ3	KZ4	KZ5	KZ6	KZ
标高	-0.100~5.200m	-0.100~5.200m	-0.100~5.200m	-0.100~5.200m	-0.100~5.200m	-0.100~5.200m	-0.100~
纵筋	8Φ18	8Φ18 (8Φ20)	8Φ18	角筋4Φ20	角筋4Φ22	8Φ18	角筋
箍筋	Φ12@100/200	Φ10@100/200	Φ8@100/200	Φ12@100/200	Φ12@100	Φ10@100/200	Φ12

截面尺寸：KZ1 450×450；KZ2 400×400；KZ3 350×350；KZ4 600；KZ5 1000；KZ6 450×450；350

柱说明：
1. 柱的定位尺寸除注明外均沿轴线居中。
2. 未注明柱顶标高均随楼板。
3. 框架柱构造及箍筋加密区范围等接《11G101-1》（三级抗震）中的，36,37(B),38,40,55页形式。
4. 柱与填充墙的拉结筋见结构设计总说明。
5. 电气专业防雷接地构件与主筋焊接，配合电施图施工。
6. 柱的混凝土等级：C25。
7. 柱箍筋的混凝土保护层厚度：30mm。
8. 电梯门洞尺寸与建筑图及厂家样本校准后方可施工。
9. 柱定位与建筑图校准后方可施工。
10. 柱表中括号内柱号内箍筋为内圈箍筋。

结构层高表：

层号	标高(m)	层高(m)	柱砼标号	层号	标高(m)	层
3	11.200 8.200	3.000	C25	7	20.200	
2	8.200 5.200	3.000	C25	6	20.200 17.200	3.0
1	5.200 -0.100	5.300	C25	5	17.200 14.200	3.0
基础	-0.100 基础顶		C30	4	14.200 11.200	3.3

施工图未经本经本院盖出图专用章一律无效

凡打印、施工图未经本设计院盖出图专用章一律无效

签 章

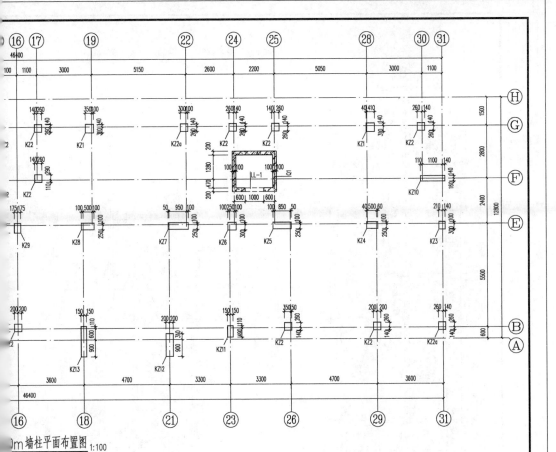

m 墙柱平面布置图 1:100

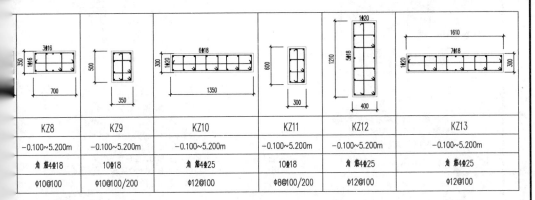

	KZ8	KZ9	KZ10	KZ11	KZ12	KZ13
	−0.100~5.200m	−0.100~5.200m	−0.100~5.200m	−0.100~5.200m	−0.100~5.200m	−0.100~5.200m
角筋	第4Φ18	10Φ18	第4Φ25	10Φ18	第4Φ25	第4Φ25
	Φ10@100	Φ10@100/200	Φ12@100	Φ8@100/200	Φ12@100	Φ12@100

本页解读:
1.本页是墙柱平面布置图。图上标出各个桩和剪力墙的具体位置。
2.从图中可以看出,⑦、⑧轴之间,㉔、㉕轴之间电梯间处是剪力墙。
3.上侧表格为柱的具体做法。K2表示框架柱,纵筋表示纵向受力钢筋。箍筋中的"Φ10@100/200"表示箍筋为直径10 mm,HPB300钢筋,加密区1支座附近间距100 mm,非加密区间距200 mm。
4.左侧表格为结构层高表,表示的是各个结构层的高度和混凝土的标号。

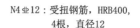

N4⚎12：受扭钢筋，HRB400，
4根，直径12

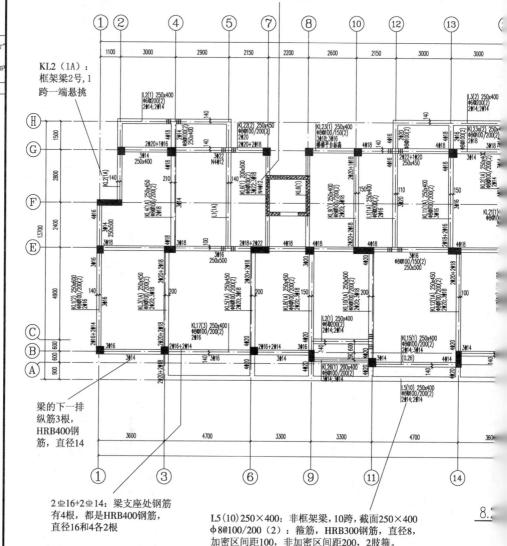

KL2（1A）：
框架梁2号，1
跨一端悬挑

梁的下一排
纵筋3根，
HRB400钢
筋，直径14

2⚎16+2⚎14：梁支座处钢筋
有4根，都是HRB400钢筋，
直径16和14各2根

L5（10）250×400：非框架梁，10跨，截面250×400
φ8@100/200（2）：箍筋，HRB300钢筋，直径8，
加密区间距100，非加密区间距200，2肢箍。
2⚎14；2⚎14：梁上纵筋2根，HRB400钢筋，直径14；
梁下排纵筋2根，HRB400钢筋，直径14。

梁说明

1. 梁定位除注明外沿轴线居中或与墙边平。
2. 梁顶标高同板顶标高。
3. 梁的混凝土等级：C25。
4. 梁的钢筋保护层厚度：25mm。
5. 梁配筋采用平面表示法，详见《11G101-1》

（三级抗震）中的54,55,61,63,65,66页。
6. 图中承担次梁部位的主梁均需加设附加箍筋，其直径和
   肢数同其所在梁的箍筋，且箍筋加密处为每侧3根间距50。
7. 节点施工时与建施图配合，其它说明详见结构设计总说明。
8. 楼梯间楼梯柱梯梁位置及配筋详见楼梯配筋图。

8.

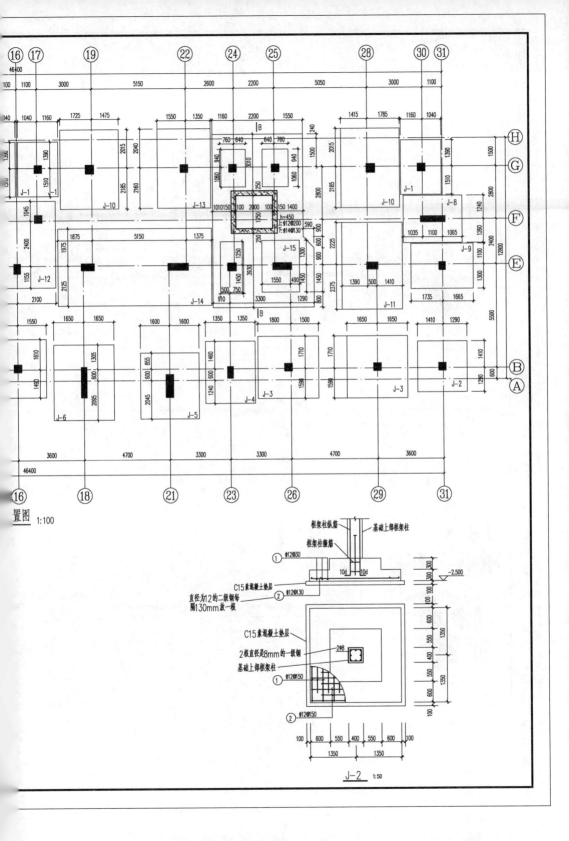

置图 1:100

J-2 1:50

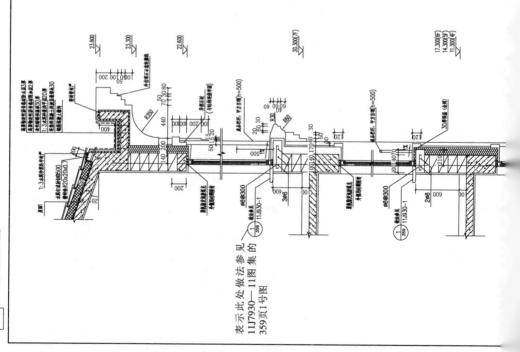

表示此处做法参见
11J7930—11图集的
359页1号图

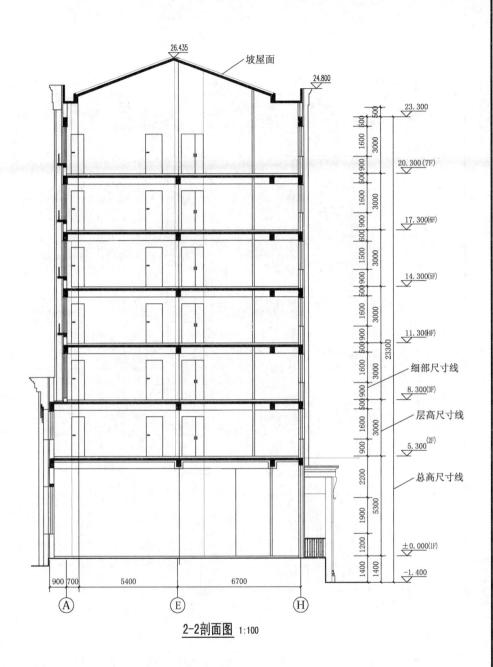

坡屋面

26.435

24.800

23.300

20.300(7F)

17.300(6F)

14.300(5F)

11.300(4F)

细部尺寸线

8.300(3F)

层高尺寸线

5.300(2F)

总高尺寸线

±0.000(1F)

-1.400

500 500
1600 3000
500 900
1600 3000
500 900
1500 3000
500 900
1600 3000
1600 3000
500 900
1600 3000
900
2200 5300
1900
1200
1400 1400

23300

900 700   5400   6700

Ⓐ   Ⓔ   Ⓗ

2-2剖面图 1:100

轴和⑪轴之间，2-2是在⑪轴和⑭轴之间。

四层楼面的高度是3m。最里面一层尺寸线是墙的细部尺寸，如2-2剖面图中窗台下墙高是0.9m,窗的高度是1.6m。

规划(建筑)
结构
排水
暖通
电气
会签
签章
栏

墙身大样一

墙身大样二

灰褐色干挂理石

白色面砖

25.835

24.400

23.800

25.835

23.800

25.000

24.400

±0.000

−0.450

①

①—③①

灰褐色干挂理石

凡盗印、施工图未经本院盖出图专用章一律无效

签 章   财扩权、施工图未经本院盖出图专用章一律无效

本页解读：

1.本页是①—③①轴立面图，与平面图对照即为南立面图。外墙装饰的做法已在图中标出，具体做法见建筑设

2.图的左边是标高，如室外地坪的标高是±0.000，屋脊的标高是26.435m。

3.立面图中标有门窗的位置和形状。

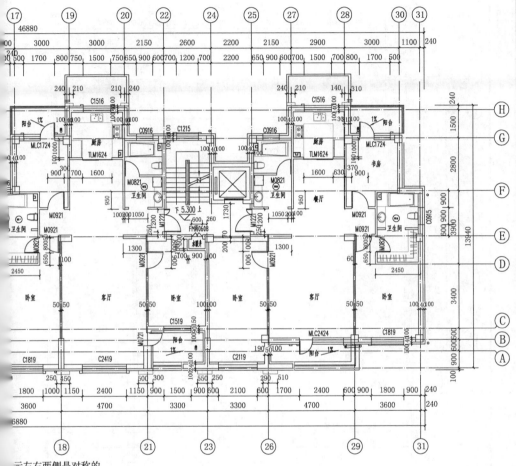

示左右两侧是对称的

面图 1:100

性尺寸参见二层
未标注隔墙均为100厚, 分户墙为200厚.

是有两个

2个卧

(mm), 即

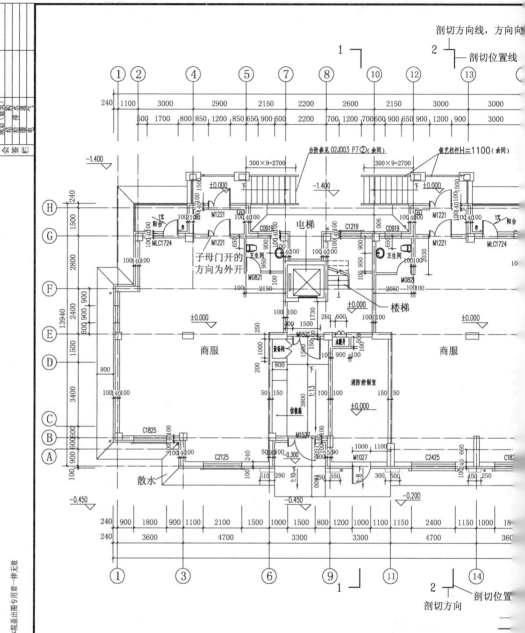

规划(建筑) 结构 给排水 暖通 电气

会签栏

财才机、施工图未经本院盖出图专用章一律无效

签 章

本页解读：
1.本页是底层平面布置图。从平面图看，底层是商业用房。从图中可以看到各种尺寸及卫生间、楼梯间、阳台等
2.图中有总尺寸、轴线间的尺寸、门窗尺寸以及各细部尺寸。如①轴与⑭轴外墙总尺寸为46.88m,①轴与③轴之
3.图中表示距离的数值单位都是毫米（mm），如①轴与③轴之间的3600表示3600mm,即3.6m。只有表示高度的数
   表示所标记点的相对高程为-0.450 m。
4.底层平面图中有剖切符号，如2-2，表示在两条剖切位置线的连线处用一假想平面把建筑物剖开，移去一部分

第1章　建筑识图的基本知识

1.1　概述

施工图,是表示工程项目总体布局,建筑物的外部形状、内部布置、结构构造、内外装修、材料做法以及设备、施工等要求的图样。施工图具有图纸齐全、表达准确、要求具体的特点,是进行工程施工、编制施工图预算和施工组织设计的依据,也是进行技术管理的重要技术文件。一套完整的施工图一般包括建筑施工图、结构施工图、给排水、采暖通风施工图及电气施工图等专业图纸,也可将给排水、采暖通风和电气施工图合在一起统称设备施工图。

1.1.1　施工图的分类

施工图一般按照专业分工不同,可分为建筑施工图、结构施工图和设备施工图。

1. 建筑施工图

建筑施工图,简称"建施",用符号"J"编号。建筑施工图是表示建筑物的总体布局、外部造型、细部构造、内外装饰等施工要求的图样。建筑施工图是房屋施工和预算的主要依据,一般包括图纸目录、总平面图、建筑设计说明、建筑平面图、建筑立面图、建筑剖面图、建筑详图等。看懂建筑施工图,掌握它的内容和要求,是搞好施工的前提条件。

2. 结构施工图

结构施工图,简称"结施",用符号"G"编号。结构施工图是表示建筑物的结构类型、各承重构件的布局情况、类型尺寸、构造做法等施工要求的图纸。结构施工图一般包括结构设计说明、基础平面图及基础详图、楼层结构平面图、屋面结构平面图、结构构件详图等。结构施工图是影响房屋使用寿命、质量好坏的重要图纸,施工时要格外仔细。

3. 设备施工图

设备施工图是表示房屋所安装设备布置情况的图纸,它包括:给水排水施工图,简称"水施",用符号"S"编号;采暖通风施工图,简称"暖施",用符号"N"编号;电气施工图,用符号"D"编号。设备施工图一般包括表示管线水平方向布置情况的平面布置图,表示管线竖向布置情况的系统轴测图,表示安装情况的安装详图等。

1.1.2　建筑施工图的图示特点

（1）建筑施工图中的图样是依据正投影法原理绘制的。

（2）房屋的平、立、剖面图采用小比例尺绘制，对无法表达清楚的部分，采用大比例尺绘制的建筑详图来进行表达。

（3）房屋构、配件以及所使用的建筑材料均采用国标规定的图例或代号来表示。

（4）为了使建筑施工图中的各图样重点突出、活泼美观，采用多种线型绘制。

1.1.3　施工图的编排顺序

一套简单的房屋施工图就有一二十张图纸，一套大型复杂建筑物的图纸会有几十张、上百张甚至会有几百张之多。因此，为了便于看图，易于查找，应把这些图纸按顺序编排。

建筑工程施工图一般的编排顺序是：首页图（包括图纸目录、施工总说明、汇总表等）、建筑施工图、结构施工图、给水排水施工图、采暖通风施工图、电气施工图等。如果是以某专业工种为主体的工程，则应该突出该专业的施工图而另外编排。

各专业的施工图应按图纸内容的主次系统地排列。如基本图在前，详图在后；总体图在前，局部图在后；主要部分在前，次要部分在后；布置图在前，构件图在后；先施工的图在前，后施工的图在后等。

1.2　建筑制图的标准

建筑制图标准及相关规定根据建设部的要求，由建设部会同有关部门共同对《房屋建筑制图统一标准》等六项标准进行修订，经有关部门会审，已批准《房屋建筑制图统一标准》（GB/T 50001—2010），《总图制图标准》（GB/T 50103—2010），《建筑制图标准》（GB/T 50104—2010），《建筑结构制图标准》（GB/T 50105—2010），《给水排水制图标准》（GB/T 50106—2010）和《暖通空调制图标准》（GB/T 50114—2010）为国家标准。

1.2.1　图幅

1. 图幅

图幅指的是图纸的幅面，即图纸本身的大小规格。幅面的尺寸应该符合表 1-1 的规定，尺寸代号的意义如图 1-1 所示。

表 1-1   幅面及图框尺寸   （单位：mm）

尺寸代号	幅面代号				
	A0	A1	A2	A3	A4
$b×l$	841×1189	594×841	420×594	297×420	210×297
c	10			5	
a	25				

从表 1-1 中可以看出 A1 幅面是 A0 幅面的对裁，A2 图幅是 A1 图幅的对裁，以下类推。

幅面尺寸 $l:b=\sqrt{2}:1$。A0 图纸的面积为 1 m²，长边为 1189 mm，短边为 841 mm。上一号图幅的短边是下一号图幅的长边。同一项工程的图纸，不宜多于两种幅面。

在特殊情况下，允许 A0～A3 号图幅按表 1-2 的规定加长图纸的长边。图纸的短边一般不应加长，长边可加长，但应符合国标规定，见表 1-2 的规定。

表 1-2   图纸长边加长尺寸   （单位：mm）

幅面代号	长边尺寸	长边加长后尺寸								
A0	1189	1486	1635	1783	1932	2080	2230	2378		
A1	841	1051	1261	1471	1682	1892	2102			
A2	594	743	891	1041	1189	1338	1486	1635	1783	1932	2080
A3	420	630	841	1051	1261	1471	1682	1892		

注：有特殊需要的图纸，可采用 $b×l$ 为 841 mm×891 mm 与 1189 mm×1261 mm 的幅面。

图纸通常有横式和立式两种。图纸以短边作为垂直边的称为横式幅面，以短边作为水平边的称为立式幅面。一般 A0～A3 图纸宜用横式，必要时，也可立式使用，如图 1-1 所示。图纸上必须用粗实线画出图框，图框是图纸上所供绘图范围的边线，图框线与图幅线的间隔 a 和 c 应符合表 1-1 的规定。

2. 标题栏与会签栏

标题栏的大小及格式如图 1-2 所示，根据工程需要确定其尺寸、格式及分区。签字区应包含实名列和签名列。涉外工程的标题栏内，各项主要内容的中文下方应附有译文，设计单位的上方或左方，应加"中华人民共和国"字样。

会签栏应按图 1-3 的格式绘制，其尺寸应为 75 mm×20 mm，栏内应填写会签人员所代表的专业、姓名、日期（年、月、日）；一个会签栏不够时，可另加一个，两个会签栏应并列；不需会签的图纸可不设会签栏。

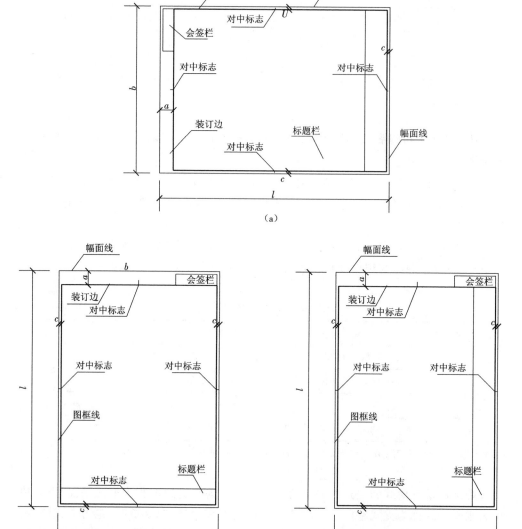

图 1-1　图幅格式

（a）A0～A3 横式；（b）A0～A3 立式；（c）A4 立式

1.2.2　线型

1. 图线的种类和用途

在建筑施工图中,为了表明不同的内容并使图样层次分明,应采用不同线型和线

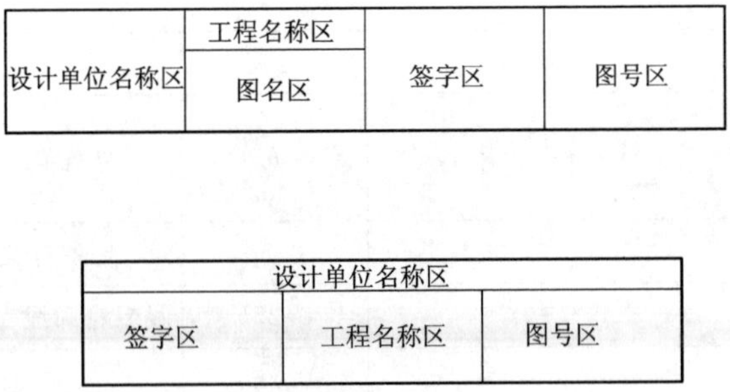

| 设计单位名称区 | 工程名称区 | 签字区 | 图号区 |
| | 图名区 | | |

| 设计单位名称区 | | |
| 签字区 | 工程名称区 | 图号区 |

图 1-2　标题栏

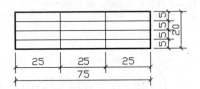

图 1-3　会签栏

宽的图线。图线的线型、线宽和用途见表 1-3。

表 1-3　图线的线型、线宽和用途

名称		线型	线宽	一般用途
实线	粗		b	主要可见轮廓线
	中粗		$0.7b$	可见轮廓线
	中		$0.5b$	可见轮廓线、尺寸线、变更云线
	细		$0.25b$	图例填充线、家具线
虚线	粗		b	见各有关专业制图标准
	中粗		$0.5b$	不可见轮廓线
	中		$0.5b$	不可见轮廓线、图例线
	细		$0.25b$	图例填充线、家具线
单点长画线	粗		b	见各有关专业制图标准
	中		$0.5b$	见各有关专业制图标准
	细		$0.25b$	中心线、对称线等

续表

名称		线型	线宽	一般用途
双点长画线	粗	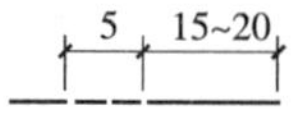 5 15~20	b	见各有关专业制图标准
	中	 ——·· —— ·· ——	$0.5b$	见各有关专业制图标准
	细	 —·· —·· —·· —	$0.25b$	假想轮廓线、成型前原始轮廓线
折断线		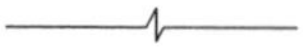 —————／\—————	$0.25b$	断开界线
波浪线		 ～～～～～	$0.25b$	断开界线

注:1.线宽b一般视图幅大小和图样复杂程度选为 1 mm 或 1～2 mm;

　　2.地平线的线宽可用 1.4b。

用各种图线总的原则是:剖切面的截交线和房屋立面图中的外轮廓线用粗实线,次要线用中粗线,其他线一般用细线。可见者用实线,不可见者用虚线。

绘图时,是根据所绘图样的复杂程度与比例大小,先选定基本线宽b,再选用表1-4中相应的线宽组。当粗线的宽度b确定以后,则和b相关联的中线、细线也随之确定。同一张图纸内,相同比例的图样,应选用相同的线宽组。

表 1-4　线宽组　　　　　　　　　　(mm)

线宽比	线宽组			
b	1.4	1.0	0.7	0.5
$0.7b$	1.0	0.7	0.5	0.35
$0.5b$	0.7	0.5	0.35	0.25
$0.25b$	0.35	0.25	0.18	0.18

注:① 需要缩微的图纸,不宜采用 0.18 mm 线宽及更细的线宽;

　　② 同一张图纸内,各不同线宽组中的细线,可统一采用较细的线宽组的细线。

图纸的图框和标题栏线,可采用表 1-5 中的线宽。

表 1-5　图框线、标题栏线的宽度　　　　　　　　　　(mm)

幅面代号	图框线	标题栏外框线	标题栏分格线、会签栏线
A0、A1	1.4	0.7	0.35
A2、A3、A4	1.0	0.7	0.35

1.2.3　字体

图纸上有各种符号、字母代号、尺寸数字及文字说明。各种字体必须书写端正，排列整齐，笔画清晰。标点符号要清楚正确。

制图国家标准：长仿宋体字样，字体工整，笔画清楚，结构均匀填满方格。工业、民用厂房建筑、建筑设计、结构施工、水暖电设备、平立剖详图说明、比例尺寸、长宽高厚标准、年月日说明、砖、瓦、木、石、土、砂浆、水泥、钢筋混凝土梁板柱、楼梯门窗、墙基础、地层散水、编号、道桥截面。

工程制图的汉字应用长仿宋体。写仿宋字（长仿宋体）的基本要求，可概括为"横平竖直、注意起落、结构匀称、填满方格。"

1.2.4　比例

图样的比例是图形和实物相对应的线性尺寸之比。比例的大小是指比值的大小，用阿拉伯数字表示，2:1、1:1、1:10 等。比值大于 1 的比例称为放大比例。常用比例见表 1-6。

表 1-6　常用比例

图　　名	比　　例
建筑物或构筑物的平面图、立面图、剖面图	1:50；1:100；1:150；1:200；1:300
建筑物或构筑物的局部放大图	1:10；1:20；1:25；1:30；1:50
配件及构造详图	1:1；1:2；1:5；1:10；1:15；1:20；1:25；1:30；1:50

1.2.5　标注

在建筑施工图中，图样除了画出建筑物及其各部分的形状外，建筑物各部分的大小和各构成部分的位置关系还必须通过尺寸标注来表达，以此确定其大小，作为施工的依据。

图样上的尺寸由尺寸界线、尺寸线、尺寸起止符号和尺寸数字四部分组成，如图 1-4 所示。

1. 尺寸界线

用细实线绘制，表示被注尺寸的范围。一般应与被注长度垂直，其一端应离开图样轮廓线不小于 2 mm，另一端超出尺寸线 2～3 mm。必要时，图样轮廓线、中心线及轴线可用作尺寸界线，如图 1-5 所示。

2. 尺寸线

用细实线绘制，尺寸线在图上表示各部位的实际尺寸。与被注长度平行且不宜

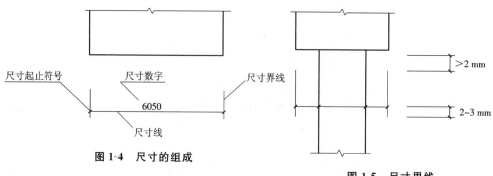

图1-4　尺寸的组成

图1-5　尺寸界线

超出尺寸界线。尺寸线与图样最外轮廓线的间距不宜小于 10 mm,每道尺寸线之间的距离一般宜为 7～10 mm,如图 1-6 所示。

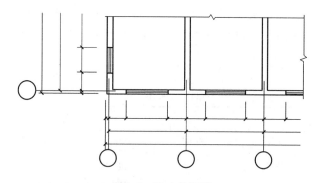

图1-6　尺寸的排列

3.尺寸起止符号

尺寸起止符号一般应用中粗斜短线绘制,其倾斜方向应与尺寸界线成顺时针 45°,长度宜为 2～3 mm。半径、直径、角度和弧长的尺寸起止符号,宜用箭头表示(图1-7)。

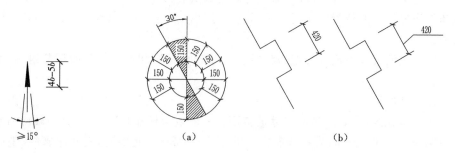

图1-7　箭头的画法

图1-8　尺寸数字的注写方向

4. 尺寸数字

国家标准规定,图样上的尺寸,除标高及总平面图以米为单位外,其余一律以毫米为单位。因此,图样上的尺寸都不用注写单位。本书后面文字及插图中表示尺寸的数字,如无特殊说明,均遵守上述规定。

尺寸数字一般应依据其方向注写在靠近尺寸线的中部上方 1 mm 的位置上。水平方向的尺寸,尺寸数字要写在尺寸线的上面,字头朝上;竖直方向的尺寸,尺寸数字要写在尺寸线的左侧字头朝左;倾斜方向的尺寸,尺寸数字的方向应按图 1-8(a) 的规定注写;若尺寸数字在 30°斜线区内,宜按图 1-8(b) 的形式注写。

尺寸数字应依据其读数方向注写在靠近尺寸线的上方中部,如没有足够的注写位置,最外边的尺寸数字可注写在尺寸界线的外侧,中间相邻的尺寸数字可错开注写,也可引出注写,如图 1-9 所示。

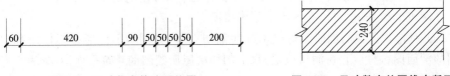

图 1-9　尺寸数字的注写位置　　　　　图 1-10　尺寸数字处图线应断开

尺寸宜标注在图样轮廓线以外,不宜与图线、文字及符号等相交,若图线穿过尺寸数字时,应将图线断开,如图 1-10 所示。互相平行的尺寸线,应从被注写的图样轮廓线由近向远整齐排列,较小尺寸应离轮廓线较近,较大尺寸应离轮廓线较远。图样轮廓线以外的尺寸线,距图样最外轮廓线之间的距离,不宜小于 10 mm。平行尺寸线的间距,宜为 7～10 mm,并应保持一致,如图 1-6 所示。总尺寸的尺寸界线,应靠近所指部位,中间分尺寸的尺寸界线可稍短,但其长度应相等。

5. 剖面图的标注

将剖面图中的剖切位置和投影方向在图样中加以说明,这就是剖面图的标注。

剖面图的标注是由剖切符号和编号组成。

剖切符号应由剖切位置线和投射方向线组成。

剖切位置线,就是剖切平面的积聚投影,它表示了剖切平面的剖切位置,剖切位置线用两段粗实线绘制,长度宜为 6～10 mm,如图 1-11(a)所示。

投射方向线(又叫剖视方向线),是画在剖切位置线外端且与剖切位置线垂直的两段粗实线,它表示了形体剖切后剩余部分的投影方向,其长度应短于剖切位置线,宜为 4～6 mm,如图 1-11(a)所示。

6. 剖切符号的编号

(1) 标准规定剖切符号的编号宜采用阿拉伯数字,按顺序由左至右、由下至上。

(2) 连续编排,并应注写在剖视方向线的端部,如图 1-11(a)所示。

在相应剖面图的下方写上剖切符号的编号,作为剖面图的图名,并在图名下方画上与之等长的粗实线,如图 1-11(b)所示。

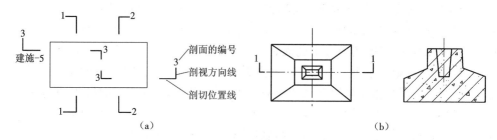

图 1-11　剖切符号的编号

(a) 剖面图;(b) 剖视图

(3) 需要转折的剖切位置线,应在转角的外侧加注与该符号相同的编号。

(4) 剖面图如与被剖切图样不在同一张图纸内,可在剖切位置线的另一侧注明其所在图纸的编号,也可以在图纸上集中说明。

(5) 对特殊位置的剖面图可以不标注剖切符号,如剖切平面通过形体对称面所绘制的剖面图;通过门、窗洞口位置,水平剖切房屋所绘制的建筑平面图(如表 1-7)。

表 1-7　建筑构件图例

图例	名称	图例	名称
	厕所间		单层外开上悬窗
	淋浴小间		单层中悬窗
	墙上预留洞口 墙上预留槽		单层外开平开窗
	检查孔 地面检查孔 吊顶检查孔		高窗

续表

图例	名称	图例	名称
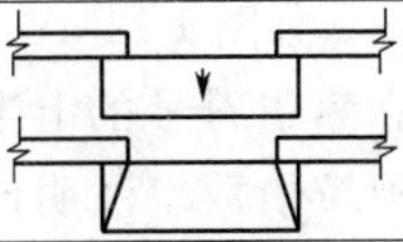	入口坡道	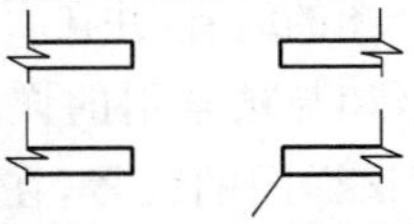	空门洞 单扇门
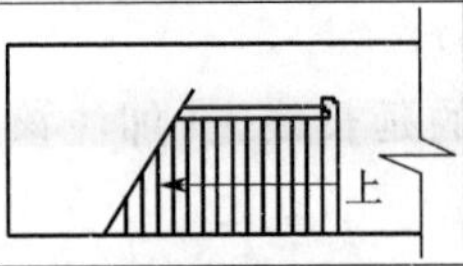	底层楼梯	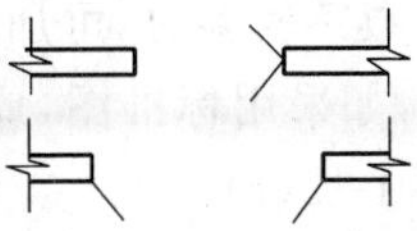	单扇双面弹簧门 双扇门
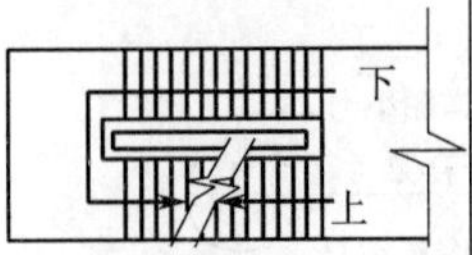	中间层楼梯	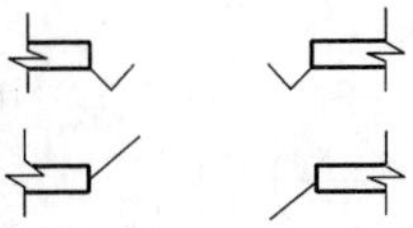	对开折门 双扇双面弹簧门
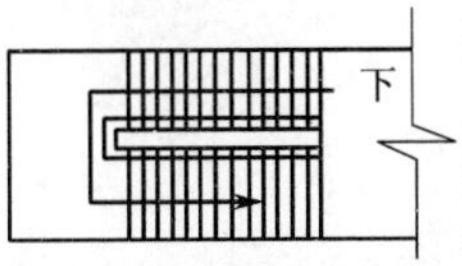	顶层楼梯	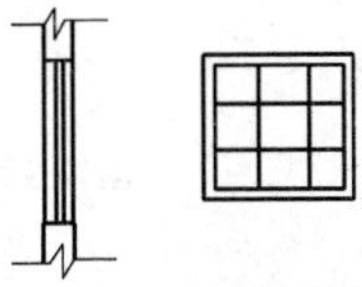	单层固定窗

7. 常用建筑材料图例

表 1-8　常用建筑材料图例

名称	图例	备注	名称	图例	备注
自然土壤			混凝土		断面较小，不易画出图例线时，可涂黑
夯实土壤			钢筋混凝土	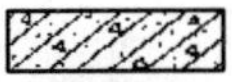	
砂、灰土		靠近轮廓线绘较密的点	木 材	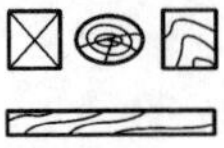	上为横断面，下为纵断面
砂砾石、碎砖三合土	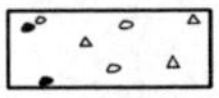		泡沫塑料材料	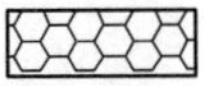	
石 材			金 属	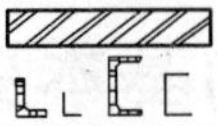	图形小时可涂黑
毛 石			玻 璃		
普通砖	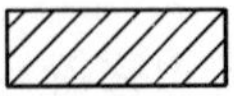	断面较小、可涂红	防水材料		比例大时采用上面图利
饰面砖			粉 刷		本图例采用较稀的点

8.索引符号的编号

(1)索引出的详图,如与被索引的详图同在一张图纸内,应在索引符号的上半圆中用阿拉伯数字注明该详图的编号,并在下半圆中间画一段水平细实线。如图 1-12(a)。

(2)索引出的详图,如与被索引的详图不同在一张图纸内,应在索引符号的上半圆中用阿拉伯数字注明该详图的编号,在索引符号的下半圆中用阿拉伯数字注明该详图所在图纸的编号。数字较多时,可加文字标注。如图 1-12(b)。

(3)索引出的详图,如采用标准图,应在索引符号水平直径的延长线上,加注该标准图册的编号。如图 1-12(c)。

图 1-12　索引符号

9.详图符号的编号

(1)图与被索引的图样同在一张图纸内时,应在详图符号内用阿拉伯数字注明详图的编号。如图 1-13(a)所示。

(2)详图与被索引的图样不在同一张图纸内时,应用细实线在详图符号内画一水平直径,在上半圆中注明详图编号,在下半圆中注明被索引的图纸的编号。如图 1-13(b)。

图 1-13　详图符号

1.3　识图的基本要求

1.3.1　识图的方法

识图的方法一般是先要弄清是什么图纸,根据图纸的特点来看,将识图方法归纳为:从上往下看、由外向里看、由大到小看、由粗到细看,图样与说明对照看,建施图与结施图结合看。同时识读建筑、结构施工图时必须熟悉施工图基本知识(表达形式、通用画法、图形符号、文字符号),才能比较迅速全面地读懂图纸,达到完全实现读图的意图和目的。

1.3.2　识图的步骤

　　具体针对一套图纸,一般多按以下步骤阅读:看标题栏及图纸目录了解工程名称、项目内容、设计日期及图纸数量和内容等。按照图纸目录检查各类图纸是否齐全,图纸编号与图名是否符合。在各类图纸齐全后就可以按图纸顺序看图了。

1.3.3　施工图的阅读要求

　　施工图的阅读是前述各章投影理论和图示方法及有关专业知识的综合应用。要想看懂一套施工图,必须做好下面几项准备工作。

　　1.应掌握投影原理和建筑形体的表达方法。

　　2.熟练掌握施工图中常用的图例、符号、图线、尺寸和比例的意义。

　　3.有一定的专业知识储备。

第 2 章　投影的基本知识

2.1　投影及其特性

2.1.1　投影的概念

在日常生活中,我们经常看到物体在光线(阳光或灯光)的照射下,投在地面或墙面上的影子。这些影子在某种程度上能够显示物体的形状和大小,但随着光线照射方向的不同,影子也随之发生变化。人们在长期的实践中积累了丰富的经验,把物和影子之间的关系经过科学的抽象,形成了投影和投影法,从而构建了投影几何这一科学体系。

投射线通过形体向选定的投影面投射,并在该投影面上得到图形的方法,称为投影法。所得到的图形称为该物体在这个投影面上的投影。

投影的构成要素如图 2-1 所示。

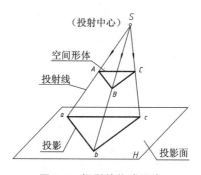

图 2-1　投影的构成要素

1.投射中心

所有投射线的起点。

2.投射线

连接投射中心与形体上各点的直线。用细实线表示。

3.投影面

投影所在的平面 H。用大写字母标记。

4. 空间形体

需要表达的形体。用大写字母标记,如图 2-1 中的 A、B、C。

5. 投射方向

投射线的方向。如图 2-1 中的箭头方向。

6. 投影

根据投射法所得到的能反映出形体各部分形状的图形。对应点用相应的小写字母标记,如图 2-1 中的 a、b、c。图形用粗线表示。

2.1.2　投影的分类及其特性

按投射线的不同情况,投影可分为中心投影法和平行投影法两大类。

1. 中心投影法

当投射中心距离投影面为有限远时,所有投射线都交汇于一点(即投射中心 S),这种投影法称为中心投影法。由这种方法得到的投影称为中心投影,如图 2-2 所示。

(1)中心投影法的特点。

① 所有投射线交汇于投射中心。

② 中心投影图的大小随空间形体与投射中心的远近而变化,越靠近投射中心,投影图越大。

③ 一般不反映空间形体的实形,只反映其类似形。

(2)中心投影法的应用。

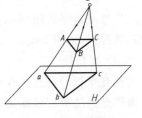

图 2-2　中心投影法

主要应用于透视投影,如建筑效果图、影视摄影、照相等。

2. 平行投影法

当投射中心距离投影面无限远时,所有投射线都互相平行,这种投影法称为平行投影法。用这种方法所得的投影称为平行投影,如图 2-3(a)、(b)所示。

根据投射线与投影面夹角的不同,平行投影法又可分为斜投影法和正投影法。

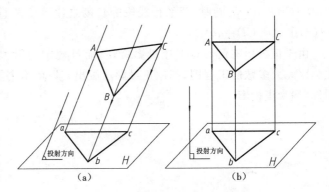

(a)　　　　　　　　　(b)

图 2-3　斜投影法和正投影法

(1)斜投影法。

投射线与投影面倾斜的平行投影法称为斜投影法。由斜投影法所得的投影为斜投影,如图 2-3(a)所示。其特点是直观性好,立体感强,但不反映空间形体的实形。

(2) 正投影法。

投射线与投影面垂直的平行投影法称为正投影法。由正投影法所得的投影为正投影,如图 2-3(b)所示。其特点是能够反映空间形体的实形,但缺乏立体感。

平行投影法有以下特性。

(1) 度量性。

当直线或平面图形平行于投影面时,其平行投影反映实长或实形,即直线的长短和平面图形的形状、大小,都可直接由投影确定和度量,如图 2-4(a)、(e)。反映线段或平面图形的实长或实形的投影,称为实形投影。

(2) 类似性。

当直线或平面图形倾斜于投影面时,其投影小于实长或实形,但它的形状必然是原平面图形的类似形,如图 2-4(b)、(f)。即直线仍投射成直线,三角形投射成三角形,六边形的投影仍为六边形,圆投射成椭圆等等。

(3) 积聚性。

当直线或平面图形垂直于某一投影面时,其投影积聚为一点或一直线,该投影称为积聚投影,如图 2-4(c)、(g)。

(4) 平行性。

相互平行的两直线在同一投影面上的平行投影保持平行,如图 2-4(d)。如果一平面图形经过平行移动之后,它们在同一投影面上的投影形状和大小仍保持不变,如图 2-4(h)。

(5) 定比性。

直线上两线段长度之比等于直线投影上这两线段投影的长度之比,如图 2-4(b)中 $AC:CB=ac:cb$。同时,两平行线段的长度之比等于两直线投影的长度之比,如图 2-4(d)中 $AB:CD=ab:cd$。

由于正投影不仅具有上述投影特性,而且规定投射方向垂直于投影面,作图简便。因此大多数的工程图,都用正投影法画出。以后本书提及投影二字,除做特殊说明外,均为正投影。

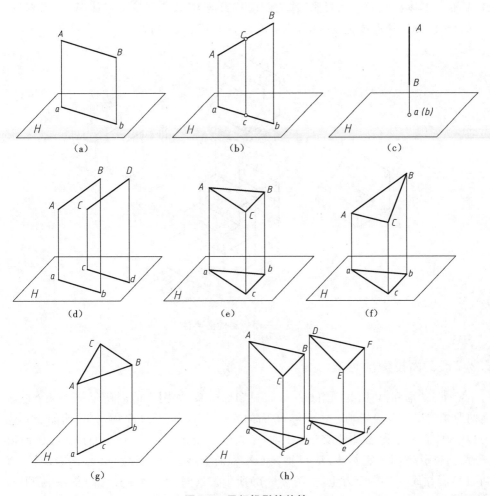

图 2-4　平行投影的特性

(a) 度量性；(b) 类似性；(c) 积聚性；(d) 平行性；

(e) 度量性；(f) 类似性；(g) 积聚性；(h) 平行性

2.2　三面投影图的投影关系

2.2.1　三面投影的必要性

有些形体用两个投影还不能唯一确定它的空间形状。例如图 2-5 中的形体 A，它的 V、H 投影与形体 B 和 C 的 V、H 投影完全相同，这意味着形体的 V、H 投影仍不能确定它的形状。

在这种情况下，还要增加一个同时垂直于 H 面和 V 面的侧立投影面，简称侧面

或 W 面。形体在侧面上的投影,称为侧面投影或 W 投影。这样形体 A 的 V、H、W 三面投影所确定的形体是唯一的,不可能是 B、C 或其他形体。

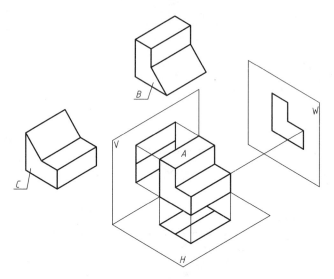

图 2-5 三面投影的必要性

2.2.2 三面投影的形成

V 面、H 面和 W 面共同组成一个三投影面体系,如图 2-6(a)所示。这三个投影面两两相交于三条投影轴。V 面与 H 面的交线称为 OX 轴;H 面与 W 面的交线称为 OY 轴;V 面与 W 面则相交于 OZ 轴,三条轴线交于一点 O,称为原点。投影面展开时,仍规定 V 面固定不动,使 H 面绕 OX 轴向下旋转,W 面绕 OZ 轴向右旋转,直到与 V 面在同一个平面为止,如图 2-6(b)所示。这时 OY 轴被分为两条,一条随 H 面旋转到与 OZ 轴在同一竖直线上,标注为 OY_H,另一条随 W 面旋转到与 OX 轴在同一水平线上,标注为 OY_W。正面投影(V 投影)、水平投影(H 投影)和侧面投影(W 投影)组成的投影图,称为三面投影图,如图 2-6(c)所示。投影面的边框对作图没有作用,所以不必画出。

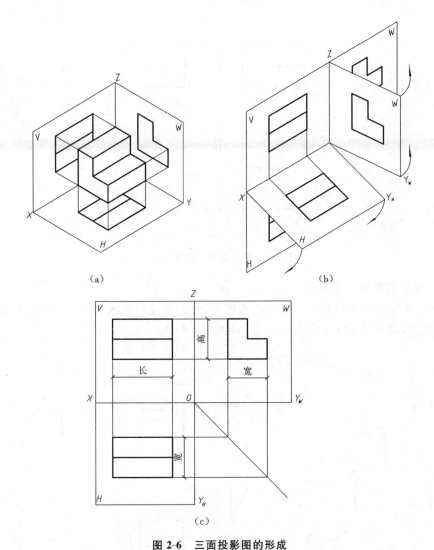

图 2-6　三面投影图的形成

(a) 立体图;(b) V 面不动,H 面向下旋转,W 面向右旋转;

(c) 三投影面展开图

2.2.3　三面投影的投影特性

1. 位置关系

三面投影的位置关系如图 2-7 所示。

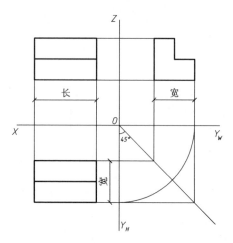

图 2-7　三面投影的位置关系

2. 投影图中的位置关系

正立面图反映形体的上、下和左、右方向；平面图反映形体的左、右和前、后方向，侧立面图反映形体的上、下和前、后方向（如图 2-8）。

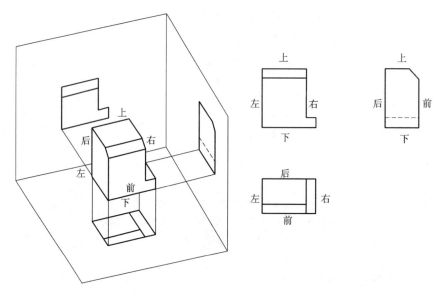

图 2-8　投影图中的位置关系

3. 投影图中的三等关系

对于同一形体而言，三面正投影图中各个投影图之间是相互有联系的。正面投影图和水平投影图左右对正，长度相等；正面投影图中侧面投影上下对齐，高度相等；水平投影图与侧面投影图前后对应，宽度相等。这一投影规律我们把它称为"三等"

关系,即"长对正,高平齐,宽相等",如图 2-9 所示。

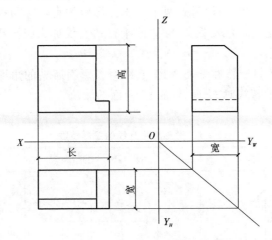

图 2-9 投影图中的三等关系

2.3 点、线、面的投影

2.3.1 点的投影规律

(1) 点的投影连线垂直于投影轴,如图 2-10(a)所示。

(2) 点的投影与投影轴的距离,反映该点的坐标,也就是该点与相应的投影面的距离,如图 2-10(b)所示。

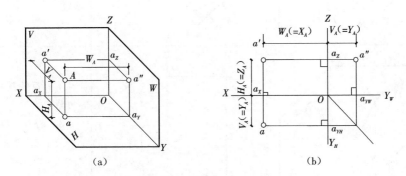

(a)   (b)

图 2-10 点的投影特性

(a) 轴测图;(b) 投影图

2.3.2 直线的投影

按直线与投影面的相对位置不同,可以分为一般位置直线和特殊位置直线,特殊位置直线又包括投影面平行线和投影面垂直线。

1. 投影面平行线

只平行于一个投影面,而对另外两个投影面倾斜的直线称为投影面平行线。其中,与 H 面平行的直线称为水平线,与 V 面平行的直线称为正平线,与 W 面平行的直线称为侧平线。

投影面平行线的投影特性见表 2-1。直线对投影面所夹的角即直线对投影面的倾角,α、β、γ 分别表示直线对 H 面、V 面和 W 面的倾角。

表 2-1　投影面平行线的投影特性

名称	轴 测 图	投 影 图	投影特性
正平线	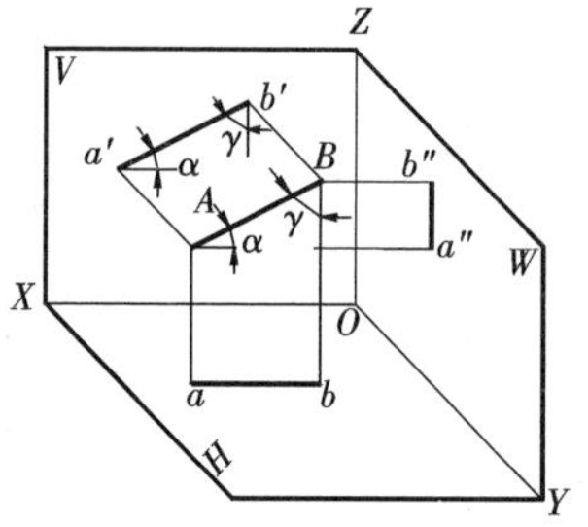	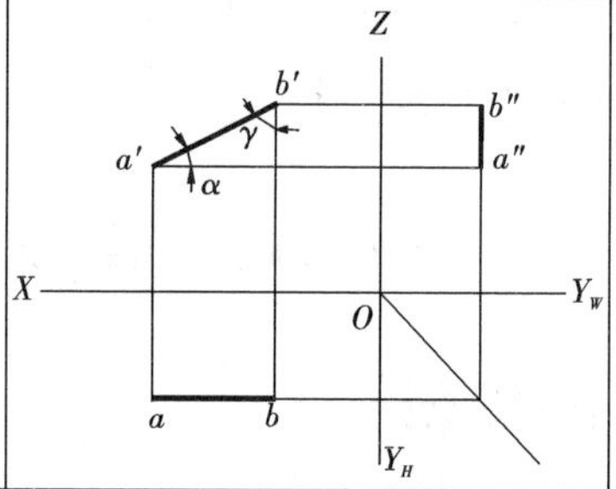	1. $a'b'$ 反映真长和 α、γ 角。 2. ab // OX,$a''b''$ // OZ,且长度缩短
水平线	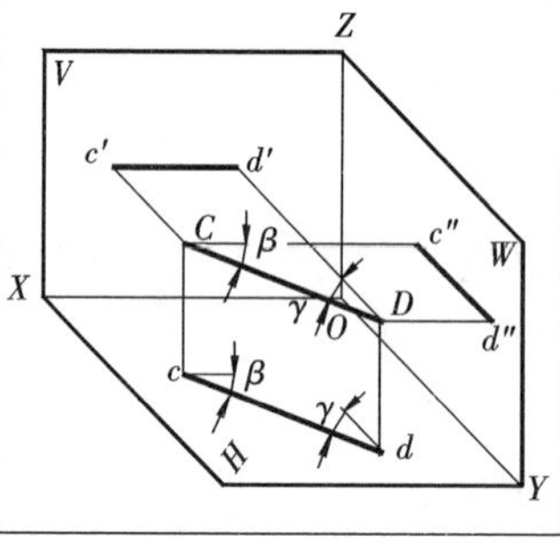	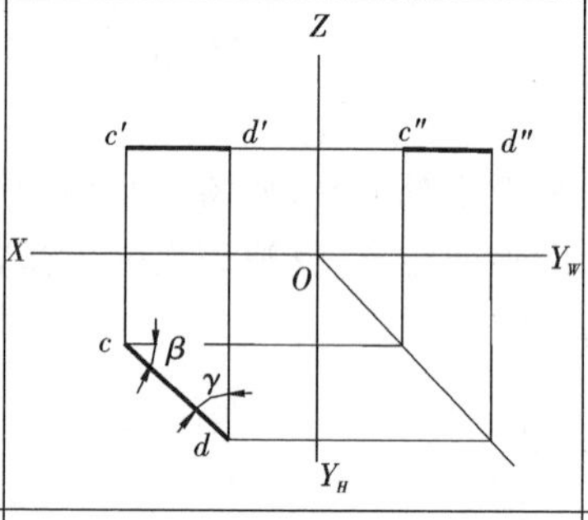	1. cd 反映真长和 β、γ 角。 2. $c'd'$ // OX,$c''d''$ // OY_W,且长度缩短
侧平线	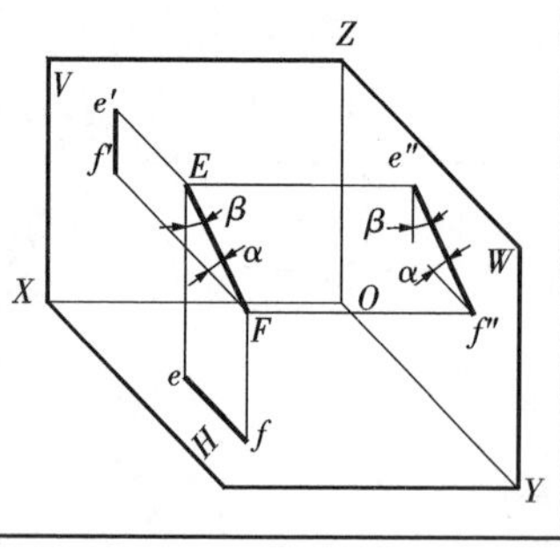	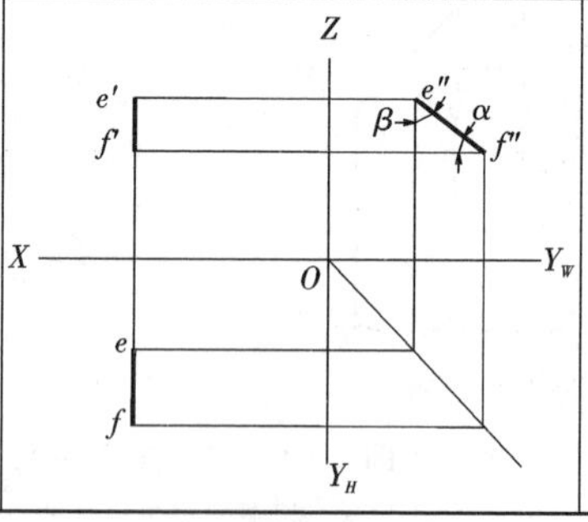	1. $e''f''$ 反映真长和 α、β 角。 2. ef // OY_H,$e'f'$ // OZ,且长度缩短

2. 投影面垂直线

垂直于一个投影面,与另外两个投影面平行的直线,称为投影面垂直线。垂直于 H 面的直线称为铅垂线,垂直于 V 面的直线称为正垂线,垂直于 W 面的直线称为侧垂线。

投影面垂直线的投影特性见表 2-2。

表 2-2　投影面垂直线的投影特性

名称	轴 测 图	投 影 图	投影特性
正垂线			1. $a'b'$ 积聚成一点。 2. ab // OY_H，$a''b''$ // OY_W，且反映真长
铅垂线			1. cd 积聚成一点。 2. $c'd'$ // OZ，$c''d''$ // OZ，且反映真长
侧垂线			1. $e''f''$ 积聚成一点。 2. ef // OX，$e'f'$ // OX，且反映真长

3. 一般位置直线及其投影性质

（1）一般位置直线既不平行也不垂直于任何一个投影面，即与三个投影面的位置关系都是倾斜，如图 2-11 所示。

（2）一般位置直线的投影特性：三个投影都倾斜于投影轴，长度缩短，不能直接反映直线与投影面的真实倾角，如图 2-11 所示。

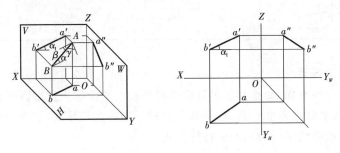

图 2-11　一般位置直线

2.3.3 平面的投影

按平面与投影面的相对位置不同,可以分为三类:一般位置平面、投影面平行面、投影面垂直面,后两种也称为特殊位置平面。

1.投影面垂直面

垂直于一个投影面,而倾斜于另外两个投影面的平面称为投影面垂直面。其中与水平投影面垂直的平面称为铅垂面;与正立投影面垂直的平面称为正垂面;与侧立投影面垂直的平面称为侧垂面。投影面垂直面的投影特性见表 2-3。

表 2-3 投影面垂直面的投影特性

名称	轴 测 图	投 影 图	投 影 特 性
正垂面			1.V 面投影积聚成一直线,并反映与 H、W 面的倾角 α、γ。 2.其他两个投影为面积缩小的类似形
铅垂面			1.H 面投影积聚成一直线,并反映与 V、W 面的倾角 β、γ。 2.其他两个投影为面积缩小的类似形
侧垂面			1.W 面投影积聚成一直线,并反映与 H、V 面的倾角 α、β。 2.其他两个投影为面积缩小的类似形

2.投影面平行面

平行于一个投影面,而垂直于另外两个投影面的平面称为投影面平行面。其中,与 H 面平行的平面称为水平面,与 V 平行的平面称为正平面,与 W 面平行的平面称为侧平面。投影面平行面的投影特性见表 2-4。

表 2-4　投影面平行面的投影特性

名称	轴 测 图	投 影 图	投影特性
正平面			1. V 面投影反映真形。 2. H 面投影、W 面投影积聚成直线,分别平行于投影轴 OX、OZ
水平面			1. H 面投影反映真形。 2. V 面投影、W 面投影积聚成直线,分别平行于投影轴 OX、OY
侧平面			1. W 面投影反映真形。 2. V 面投影、H 面投影积聚成直线,分别平行于投影轴 OZ、OY

3. 一般位置平面

在三面投影体系中,立体的平面对三个投影面都倾斜的平面称为一般位置平面。一般位置平面的三个投影既不反映实形,又无积聚性,均为缩小的类似图形。

4. 平面上的点、直线和图形

(1) 特殊位置平面上的点、直线和图形。

特殊位置的点、直线和图形,在该平面有积聚性的投影所在的投影面上的投影,必定积聚在该平面的投影上。

利用这个投影特性,可以求做特殊位置平面上的点、直线和图形的投影。

(2) 一般位置平面上的点、直线和图形。

点和直线在平面上的几何条件。

① 平面上的点,必在该平面的直线上。平面上的直线必通过平面上的两点。

② 通过平面上的一点,且平行于平面上的另一直线。

平面上的投影面平行线不仅应满足直线在平面上的几何条件,它的投影又符合投影面平行线的投影特性。

2.4 立体的投影

2.4.1 平面立体的投影

平面立体是指表面由平面所围成的几何体。平面立体的投影就是围成它表面的所有平面图形的投影。常见的平面立体有棱柱和棱锥。

（1）棱柱。

棱柱的棱线互相平行。常见的棱柱有三棱柱、四棱柱、五棱柱和六棱柱等。以图2-12 所示正五棱柱为例，分析其投影特性。

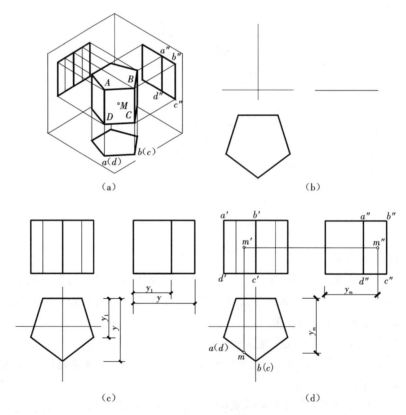

图 2-12 五棱柱三面投影

图示正五棱柱的顶面和底面平行于水平面，后棱面平行于正面，其余棱面均垂直于水平面。在这种位置下，五棱柱的投影特征是：顶面和底面的水平投影重合，并反映实形——正五边形。五个棱面的水平投影分别积聚为五边形的五条边。正面和侧面投影上大小不同的矩形分别是各棱面的投影，不可见的棱线画虚线。

（2）棱锥。

棱锥的棱线交于一点。常见的棱锥有三棱锥、四棱锥、五棱锥等。以图 2-13 所示四棱锥为例,分析其投影特性。

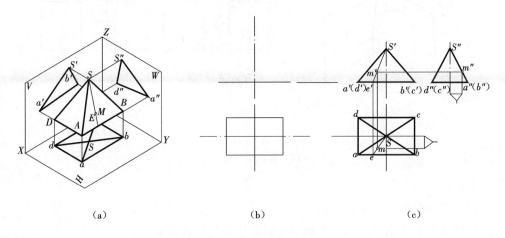

（a）　　　　　　　　　（b）　　　　　　　　　（c）

图 2-13　四棱锥三面投影

图示四棱锥的底面平行于水平面,水平投影反映实形。左、右两棱面垂直于正面,它们的正面投影积聚成直线。前、后两棱面垂直于侧面,它们的侧面投影积聚成直线。与锥顶相交的四条棱线既不平行、也不垂直于任何一个投影面,所以它们在三个投影面上的投影都不反映实长。

2.4.2　曲面立体的投影

曲面立体:由曲面或曲面与平面所围成的几何体。

常见的曲面立体是回转体。

回转体:由回转面或回转面与平面所围成的立体,常见的回转体有圆柱、圆锥、球、环等。

回转体的投影就是围成它的回转面或回转面和平面的投影。

1. 圆柱

圆柱体由圆柱面与上、下两端面围成。圆柱面可看作由一条母线绕平行于它的轴线旋转而成,圆柱面上任意一条平行于轴线的直母线称为圆柱面的素线。圆柱的投影分析如图 2-14。

如图 2-14 所示,当圆柱轴线垂直于水平面时,圆柱上、下端面的水平投影反映实形,正面和侧面投影积聚成直线。圆柱面的水平投影积聚为一圆周,与两端面的水平投影重合。在正面投影中,前、后两半圆柱面的投影重合为一矩形,矩形的两条竖线分别是圆柱面最左、最右素线的投影,也是圆柱面前、后分界的转向轮廓线。在侧面投影中,左、右两半圆柱面的投影重合为一矩形,矩形的两条竖线分别是圆柱面最前、最后素线的投影,也是圆柱面左、右分界的转向轮廓线。

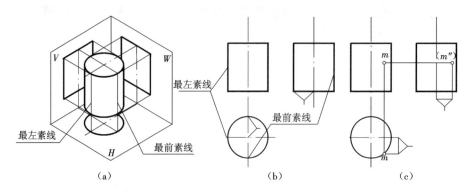

图 2-14　圆柱的投影分析

2. 圆锥

圆锥体由圆锥面和底面围成。

圆锥面可看作由一条直母线绕与它斜交的轴线回转而成。

圆锥面上任意一条与轴线斜交的直母线,称为圆锥面上的素线。

如图 2-15 所示,当圆锥轴线垂直于水平面时,锥底面平行于水平面,水平投影反映实形,正面和侧面投影积聚成直线。圆锥面的三面投影都没有积聚性,其水平投影与底面的水平投影重合,全部可见。正面投影由前、后两个半圆锥面的投影重合为一等腰三角形,三角形的两腰分别是圆锥最左、最右素线的投影,也是圆锥面前、后分界的转向轮廓线。圆锥的侧面投影由左、右两半圆锥面的投影重合为一等腰三角形,三角形的两腰分别是圆锥最前、最后素线的投影,也是圆锥面左、右分界的转向轮廓线。

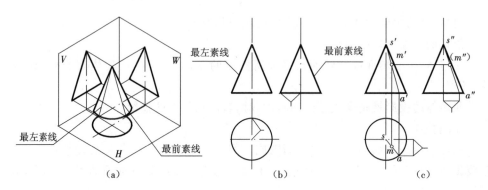

图 2-15　圆锥的投影分析

3. 圆球

圆球的表面可看作由一条圆母线绕其直径旋转而成。

从图 2-16 可看出,圆球的三个投影都是等径圆,并且是圆球表面平行于相应投影面的三个不同位置的最大轮廓圆。正面投影的轮廓圆是前、后两半球可见与不可见的分界线；水平投影的轮廓圆是上、下两半球面可见与不可见的分界线；侧面投影的轮廓圆是左、右两半球面可见与不可见的分界线。

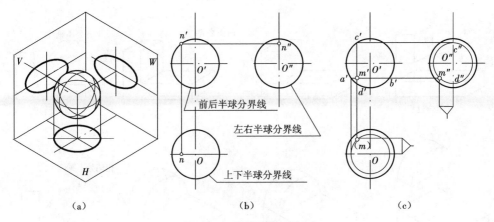

图 2-16 圆球的投影分析

2.4.3 组合体的投影

我们日常见到的建筑物或其他工程形体，都是由简单的基本形体所组成。

1. 组合体投影图的画法

（1）叠加式。

把组合体看成由若干个基本形体叠加而成。

（2）切割式。

组合体是由一个大的基本形体经过若干次切割而成。

（3）混合式。

组合体可以看成基本形体既通过叠加又通过切割而形成的。

组合体的表面连接关系如图 2-17 所示。

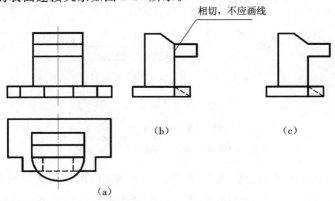

图 2-17 所示组合体的三面投影图

（a）三面投影图；（b）不正确的左侧面投影；（c）正确的左侧面投影

所谓连接关系,就是指基本形体组合成组合体时,各基本形体表面间真实的相互关系。两表面相互平齐、相切、相交和不平齐,如图 2-18 所示。

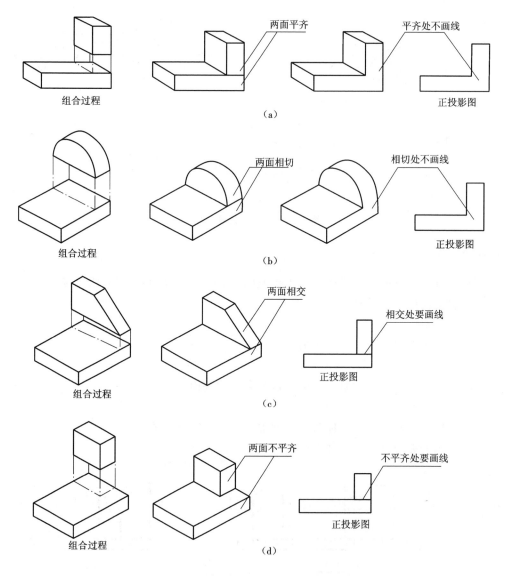

图 2-18　连接关系

(a) 表面平齐;(b) 表面相切;(c) 表面相交;(d) 表面不平齐

组合体是由基本形体组合而成的,所以基本形体之间除表面连接关系以外,还有相互之间的位置关系。图 2-19 所示为叠加式组合体组合过程中的几种位置关系。

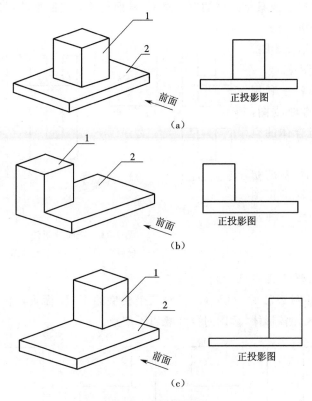

图 2-19 位置关系

（a）1 号形体在 2 号形体的上方中部；

（b）1 号形体在 2 号形体的左后上方；

（c）1 号形体在 2 号形体的右后上方

2. 组合体投影图的识读

1）识读方法

识读组合体投影图的方法有形体分析法、线面分析法和画轴测图等方法。

（1）形体分析法。

形体分析法就是在组合体投影图上分析其组合方式、组合体中各基本体的投影特性、表面连接以及相互位置关系，然后综合。

如图 2-20 所示的投影图。

（2）线面分析法。

它是由直线、平面的投影特性，

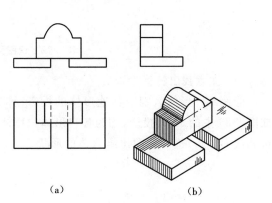

图 2-20 形体分析法

（a）投影图；（b）轴测图

分析投影图中某条线或某个线框的空间意义,从而想象其空间形状,最后联想出组合体整体形状的分析方法。

如图 2-21 所示投影图。

(3) 画轴测图法。

画轴测图法就是利用画出正投影图的轴测图,来想象和确定组合体的空间形状的方法。

实践证明,此法是初学者容易掌握的辅助识图方法,同时它也是一种常用的图示形式。

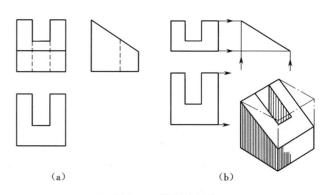

(a)　　　　　　　　　(b)

图 2-21　线面分析法

(a) 投影图;(b) 线面分析整体图

2) 识读要点

读图时一定要注意三面投影的对应,如图 2-22 中,(b)、(c)、(d)三个模型的 V、H 面投影都为(a)图,只能通过 W 面投影区分各形体,读图时要注意以下要点。

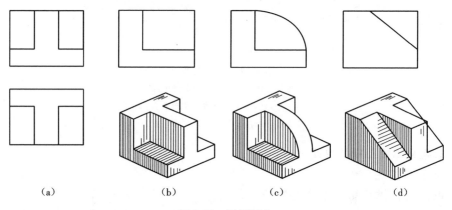

(a)　　　　　　(b)　　　　　　(c)　　　　　　(d)

图 2-22　识图要点

(1) 注意找出特征投影。

能使某一形体区别于其他形体的投影,称为该形体的特征投影(或特征轮廓)。如图 2-23 中的 H 面投影,均为各自形体的特征投影。找出特征投影,有助于形体分析和线面分析,进而想象出组合体的形状。

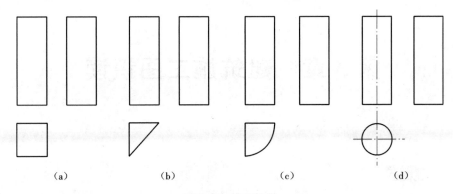

图 2-23　特征投影

（2）明确投影图中直线和线框的意义。

① 投影图中直线的意义。

投影图中的一条直线，一般有三种意义：

a. 可表示形体上一条棱线的投影；

b. 可表示形体上一个面的积聚投影；

c. 可表示曲面体上一条轮廓素线（转向线）的投影。

② 投影图中线框的意义。

投影图中的一个线框，一般也有三种意义：

a. 可表示形体上一个平面的投影；

b. 可表示形体上一个曲面的投影，但其他投影图上必有一曲线形的投影与之对应；

c. 可表示形体上孔、洞、槽或叠加体的投影。

3）识图步骤

综上所讲述的组合体常用的三种识读方法及举例说明组合体识读的几点要点，总结组合体的识图步骤如下：

（1）认识投影抓特征；

（2）形体分析对投影；

（3）综合起来想整体；

（4）线面分析攻难点。

第 3 章　建筑施工图识读

3.1　概述

3.1.1　房屋的分类和组成

　　房屋是人们进行生活、生产、办公和学习等多种活动的场所,与人类的生存和发展密切相关。人们对不同用途的房屋存在不同的要求,因而房屋出现多种类型,按使用功能不同,房屋可分为工业建筑、民用建筑两大类,其中民用建筑是在日常生活中最常见的,又分为居住建筑和公共建筑。居住建筑包括住宅、宿舍、公寓等;公共建筑又指学校、医院、体育馆等。典型的工业建筑有工业厂房、仓库、汽车站等。

　　无论是工业建筑还是民用建筑基本上都是由基础、墙或柱、楼地层、楼梯、屋顶、门窗等主要部分组成的。如图 3-1 所示。

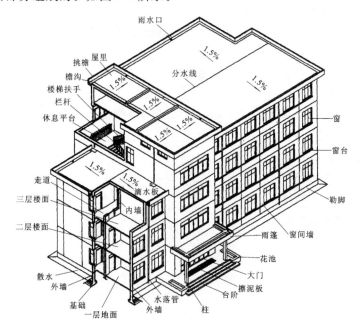

图 3-1　房屋的组成

1. 基础

基础位于建筑物的最下部,是地下的承重构件,将建筑物的所有荷载传递到下层的土层或岩石层(即地基)。所以,基础必须牢固、稳定,并能够经受地下水及有害化学物质的侵蚀。

2. 墙或柱

墙或柱承受建筑物由屋顶和楼层传来的荷载,并把这些荷载传递给基础。墙按位置分为内墙和外墙。外墙是一种围护构件,能够抵御自然界风、雨、雪及寒暑变化对室内的影响;内墙主要起分割空间及保证舒适环境的作用。若按受力情况分,墙可分为承重墙和非承重墙。当只用柱作为建筑物的承重构件时,填充在柱间的墙只起围护、分割作用,此时的墙就是非承重墙。墙按方向还可分为纵墙和横墙,房屋两端的墙则称为山墙。

3. 楼地层

楼地层是房屋的水平承重和分割构件,它包括楼板和地面两部分。楼板把建筑空间分为若干层,将其所承受的荷载传给墙或柱。楼板支撑在墙上,对墙也有水平支撑的作用。楼地面直接承受各种使用荷载,它在楼层把荷载传递给楼板,在首层把荷载传递给它下面的地基。要求楼地层应具有一定的强度和刚度,并应有一定的隔音能力和耐磨性。

4. 楼梯

楼梯是各楼层上下联系的垂直交通设施,供人们平时上下和紧急疏散时使用。

5. 屋顶

屋顶是房屋顶部的承重和维护部分,它由屋面、承重结构和保温层三部分组成。屋面的作用是阻隔雨水、风雪对室内的影响,并将雨水排除。承重结构则承受屋顶的全面荷载,并把这些荷载传递给墙与柱。保温层的作用是防止冬季室内热量散失(夏季太阳辐射热进入室内)。要求屋顶保温(隔热)、防水、排水,它的承重结构应具有足够的强度和刚度。

6. 门和窗

门和窗均为非承重的建筑结构配件。门的主要用途是交通和分割房间,窗的主要功能是通风和采光,同时还具有分割和维护的作用。

上述主要是建筑物的主要组成,除此之外,根据使用功能和保护功能的要求,还有一些为人们使用和建筑物本身所需的构配件,如雨蓬、防潮层、垃圾道和勒脚等。

3.1.2　施工图的识读方法和特点

1. 识读房屋建筑图的方法

施工图是用投影原理和并综合各种图示方法绘制的。所以,识读施工图,必须具备一定的投影知识、掌握形体的各种图示方法和建筑制图标准的有关规定,要熟记图中常用的图例、符号、线型、尺寸和比例的意义,要具有房屋构造的有关知识。

识读施工图通常有以下几个步骤。

（1）查看图纸目录和设计技术说明，通过图纸目录看各专业施工图纸有多少张，图纸是否齐全；看设计技术说明，对工程在设计和施工要求方面有一个概括的了解。

（2）依照图纸顺序通读一遍，对整个工程在头脑中形成概念。如工程的建设地点和周围地形、地貌情况、建筑物的形状、结构情况及工程量大小、建筑物的主要特点和关键部位等情况，做到心中有数。

（3）分专业对照阅读，按专业次序深入仔细地阅读。先读基本图，再读详图。读图时，要把有关图纸联系在一起对照着读，从中了解它们之间的关系，建立起完整准确的工程概念。再把各专业图纸（如建筑施工图与结构施工图）联系在一起对照着读，看它们在图形上和尺寸上是否衔接、构造要求是否一致。发现问题要做好读图记录，以便会同设计单位提出修改意见。

可见，读图的过程也是检查复核图纸的过程，所以读图时必须认真细致不可粗心大意。

2. 施工图的特点

（1）施工图中的各种图样，除了水暖施工图中水暖管道系统图是用斜投影法绘制的之外，其余的图样都是用正投影法绘制的。

（2）由于房屋的形体庞大而图纸幅面有限，所以施工图一般是用缩小比例绘制的。

（3）由于房屋是用多种构、配件和材料建造的，所以施工图中，多用各种图例符号来表示这些构、配件和材料。

（4）房屋设计中有许多建筑物、配件已有标准定型设计，并有标准设计图集可供使用。为了节省大量的设计与制图工作，凡采用标准定型设计之处，只要标出标准图集的编号、页数、图号就可以了。

3.2 建筑总平面图

在画有等高线或坐标方格网的地形图上，画上新建工程及其周围原有建筑物、构筑物及拆除房屋外轮廓的水平投影，以及场地、道路、绿化等的平面布置图形即为总平面图。

总平面图用来表示一个工程所在位置的总体布置，包括：建筑红线，新建房屋的位置朝向，新建建筑与原有建筑的关系及新建筑区域的道路、绿化、地形、地貌、标高等方面的内容。

总平面图是新建筑施工定位及施工总平面设计的重要依据，是土石方施工以及绘制水电等管线总平面布置图和施工总平面布置图的依据。

3.2.1　总平面图的阅读内容

总平面图因包括的地方范围较大,图示内容多按《总图制图标准》(GB/T 50103—2010)中相应的图例要求进行简化绘制。总平面图一般采用 1∶500、1∶1000 或 1∶2000 的比例绘制,由于绘制时都用较小比例,各种有关物体不能按照投影关系如实表示出来,而只能用图例的形式绘制。总平面图上的尺寸,是以 m 为单位。图中所用图例符号较多,见表 3-1。

表 3-1　常见总平面图图例

图例	名称	图例	名称
	新建建筑物		原有铁路
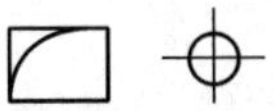	新建构筑物	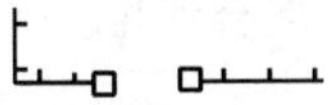	新建围墙、大门
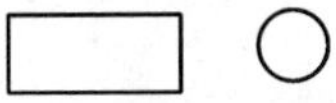	原有建筑物		原有围墙
	规划建筑物		新建挡土墙
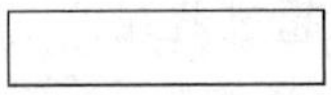	利用建筑物		新建围墙、挡土墙
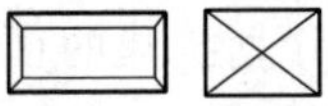	露天堆场		拆除围墙
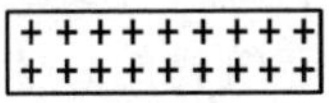	敞篷或敞廊	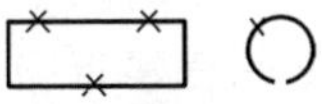	拆除原有建筑物、构筑物
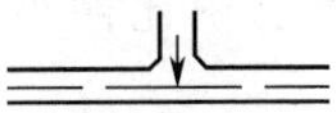	新建道路		填挖边坡或护坡
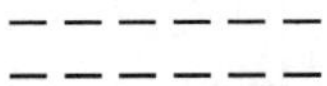	规划道路		排水明沟
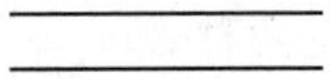	原有道路		有盖的排水沟
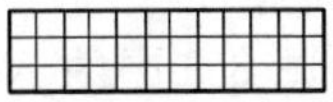	铺砌路面	$\frac{0.3(坡度\%)}{50(距离\ m)}$	道路坡度标
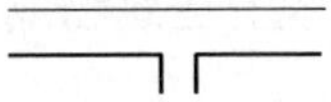	人行道		室内外地坪标高
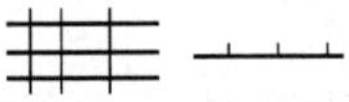	斜坡栈桥、卷扬机道		花坛、绿化地
	新建铁路		行道树

　　了解新建工程的性质与总体布置，了解各建筑物及构筑物的位置、道路、场地和绿化等布置情况以及各建筑物的层数等。

　　明确新建工程或扩建工程的具体位置，新建工程或扩建工程通常根据原有房屋或道路来定位，并以"m"为单位标注出定位尺寸。当新建成片的建筑物和构筑物或较大的建筑物时，往往用坐标来确定每一建筑物及道路转折点的位置。在地形起伏较大的地区，还应画出地形等高线。

　　看新建房屋底层室内地面和室外整平地面的绝对高程，可知室内外地面的高差，及正负零与绝对高程的关系，总平面图中标高数字以"m"为单位，一般注到小数点后两位。

　　看总平面图中的指北针或风向频率玫瑰图，可明确新建房屋构造物的朝向和该地区常年风向频率，有时也可只画单独的指北针。

　　需要时，在总平面图上还要画有房顶、顶棚、装饰、涂画、管网等布置图，这种图一般都与装饰施工图结合起来配合使用。

3.2.2　总平面图的主要内容

1. 建筑红线

　　建筑红线是各地方国土管理局提供给建设单位的地形图为蓝图，在蓝图上用红线笔画定的土地使用范围的线。任何建筑物在设计和施工中均不能超过此线。

2. 区分新旧建筑物

　　总平面图上的建筑物分为五种，即新建的建筑物、原有建筑物、计划扩建的预留地或建筑物、拆除的建筑物和新建的地下建筑物或构造物。识读总平面图时要区分哪些是新建的建筑物，哪些是原有建筑物。在设计中，为了清楚表示建筑物的总体情况，一般还在图形中右上角以数字或点数表示建筑物的层数。当总图比例小于1∶500时，可不画建筑物的出入口。

3. 新建建筑物的定位

　　新建建筑物的定位一般常采用两种方法，一种是按原有建筑物或原有道路定位，另一种是按坐标定位，坐标定位又分为测量坐标定位和建筑坐标定位两种。

　　（1）根据原有建筑物定位。

　　按原有建筑物或原有道路定位是扩建中常采用的一种方法。如图 3-2 中的总平面图是某大型商务中心的总平面图。拟建建筑物位置均可按比例从现有建筑物或道路确定出来。

　　（2）根据坐标定位。

　　为了保证在复杂地形中放线准确，总平面图中也常用坐标表示建筑物、道路等的位置。常采用的方法有以下几种。

　　① 测量坐标：国土管理部门提供给建设单位的红线图是在地形图上用细线画成交叉十字线的坐标网，南北方向的轴线为 x，东西方向的轴线为 y，这样的坐标称为

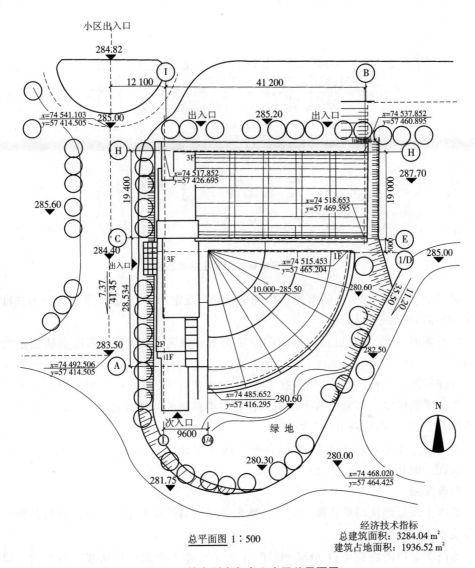

总平面图 1:500

经济技术指标
总建筑面积: 3284.04 m²
建筑占地面积: 1936.52 m²

图 3-2 某大型商务中心小区总平面图

测量坐标。坐标网络常采用 100 m×100 m 或 50 m×50 m 的方格网。一般建筑物的定位标记两个墙角的坐标。如图 3-2 中的 $\overline{74\ 468.020}$。

② 建筑坐标:建筑坐标一般在新开发区,房屋朝向与测量坐标方向不一致时采用。建筑坐标是将建筑区域内某一点定为"O"点,采用 100 m×100 m 或 50 m×50 m 的方格网,沿建筑物主墙方向用细实线画成方格网通线,横墙方向(竖向)轴线标为 A,纵墙方向的轴线标为 B。建筑坐标与测量坐标的区别如图 3-3 所示。

4.标高

建筑施工图中标有两种标高,即绝对标高和相对标高。

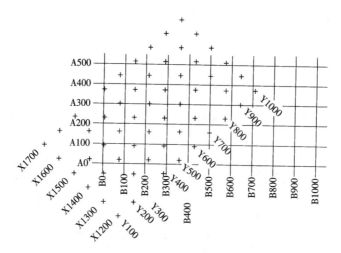

图 3-3 建筑坐标与测量坐标的区别

绝对标高:我国把青岛的黄海平均海平面的高度定为零点,其他各地以此为基准确定的标高,称为绝对标高。

相对标高:把房屋底层室内地面的高度定为基准零点,以此为基准点所确定的标高。

标注标高要用标高符号,标高数字以 m 为单位,一般图中标注到小数点后第三位。在总平面图中注写到小数点后第二位。零点标高的标注方式是±0.000;正数标高不注写"+",负数标高要注写"—"。

总平面图中的标高符号为"▼",在符号的旁边标注高度,如图 3-2 中的 280.00 表示所在点的高程为 280.00 m。

5. 等高线

地面上高低起伏的形状称为地形。地形是用等高线来表示的。等高线就是地面上高度相等点的连线。

等高线是用间隔相等(1 m、5 m、10 m)的若干水平面把山头从某一高度到山顶一层一层剖开,在山头表面上便出现一条一条的截交线,把这些截交线投射到水平投影面上,就得到一圈一圈的封闭曲线,称为等高线。在等高线上注写上相应的高度数值,得到的图形称为地形图,如图 3-4 所示。图 3-2 是在老城区进行新项目建设,其地面平整,室外地坪标高相差不多,可以不画等高线,在地势起伏较大的区域画平面图,需要测出等高线。

从地形图上的等高线可以分析出地形的高低起伏状况。等高线的间距越大,说明地面越平缓;等高线的间距越小,说明地面越陡峭。从等高线上标注的数值可以判断出地形是上凸还是下凹。数值的外圈向内圈增大,则为上凸地形;数值由外圈向内圈减小,则为下凹地形。

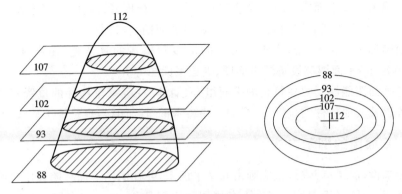

图 3-4　等高线与地形图

6. 道路

由于比例较小,总平面图上的道路有时只能表示出道路与建筑物的关系,不能作为道路施工的依据。此时要标注出道路中心控制点(包括道路转向点、交叉点、变坡点的位置、高程、道路坡度、坡向等),表明道路的标高及平面位置。

7. 风向玫瑰图

风向是风吹来的方向。风向频率是在一定的时间内出现某一风向的次数占总观察次数的百分比,用公式表示为:

$$风向频率 = (某一风向出现的次数/总观察次数) \times 100\%$$

8. 其他

总平面图除了表示以上的内容外,一般还有挡墙、围墙、绿化等与工程有关的内容。读图时可结合相关设计说明识读。

3.3　建筑平面图

3.3.1　建筑平面图的形成及作用

建筑平面图,是假想用一水平的剖切平面,沿着房屋门窗口的位置,将房屋剖开,拿掉上面部分,对剖切平面以下部分所做出的水平投影图,即为建筑平面图,简称平面图。平面图(除屋顶平面图外)实际上是一个房屋的水平全剖图,它反映出房屋的平面形状、大小和房间的布置,墙或柱的位置、大小、厚度和材料,门窗的类型和位置等情况。是施工图中最基本的图样之一。

用一水平面剖切到底层门窗洞口所得到的平面图称为底层平面图,又称为首层平面图或一层平面图。用一水平面剖切到二层门窗洞口所得到的平面图称为二层平面图。在多层和高层建筑中,中间几层剖切后的图形常常是相同的,此时就只绘制一个平面图作为代表,称为标准层平面图。用一水平面剖切到最上一层门窗洞口得到的平面图称为顶屋平面图。将房屋直接从上向下进行投射得到的平面图称为屋顶平面图。因此,在多层和高层建筑中一般有底层平面图、标准层平面图、顶层平面图和屋顶平面图四种。此外,随着建筑层高的增多和构造的复杂化,还出现了地下层(±0.000以下)平面图和设备层平面图、夹层平面图等。

建筑平面图能够反映建筑物的平面组合、墙体、柱等承重构件的位置、门窗的尺寸及位置以及其他配件的位置等,是施工中参考的重要图样,也是施工放线的依据。

3.3.2　平面图的图示方法

一般来说,房屋有几层,就应画出几个平面图,并在图的下面注明相应的图名,如底层平面图、二层平面图等。当上下各楼层的房间数量、大小和布置都相同时,可以用一个平面图表示,称为标准层平面图或×—×层平面图。当建筑平面图左右对称时,可将两层平面图画在同一个平面图上,左边画出一层的平面图,右边画出另一层的平面图,中间画一对称符号作分界线,并在图的下边分别注明图名。

建筑的平面图是由多幅平面图组成的。在绘制平面图时,除基本内容相同外,房屋中的个别构配件应该画在哪一层平面图上是有分工的。具体来说,底层平面图除表示该层的内部形状外,还画有室外的台阶、花池、散水(或明沟)、雨水管和指北针等。房屋中间层平面图除表示本层室内形状外,需要画上本层室外的雨篷、阳台等。

平面图上的线型粗细是分明的。凡是被水平剖切平面剖切到的墙、柱等断面轮廓线用粗实线画出,而粉刷层在1∶100的平面图中是不画的。在1∶50或比例更大的平面图中粉刷层则用细实线画出。没有剖切到的可见轮廓线,如窗台、台阶、明沟、花台、梯段等用中实线画出。表示剖面位置的剖切位置线及剖视方向线,均用粗实线绘制。

底层平面图中,可以只在墙角或外墙的局部分段地画出散水(或明沟)的位置。

由于平面图一般采用1∶200、1∶100和1∶50的比例绘制的,所以门、窗和设备等均采"国标"规定的图例表示。因此,阅读平面图必需熟记建筑图例,常用建筑构造及配件图例见表3-2。

表 3-2　构造及配件图例

序号	名称	图例	说明
1	墙体	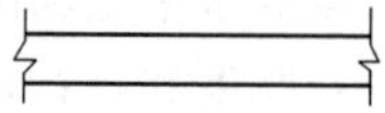	应加注文字或填充图例表示墙体材料,在项目设计图纸说明中列材料图例表给予说明
2	隔断	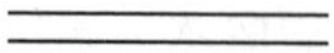	1.包括板条抹灰、木质、石膏板、金属材料等隔断。 2.适用于到顶与不到顶隔断
3	栏杆		

序号	名称	图例	说明
4	楼梯	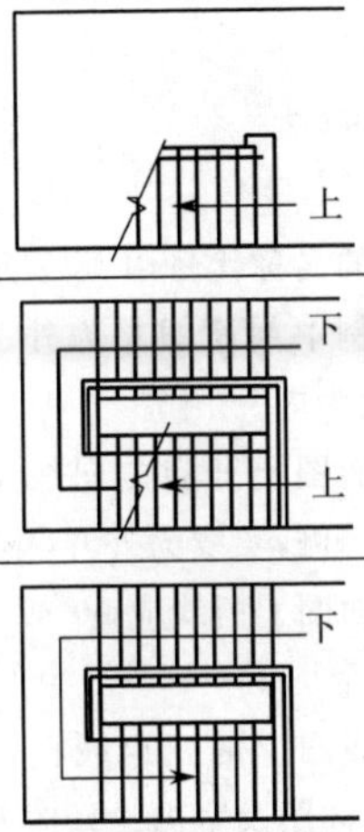	1.上图为底层楼梯平面,中图为中间层楼梯平面,下图为顶层楼梯平面。 2.楼梯及栏杆扶手的形式和梯段踏步数应按实际情况绘制
5	烟道	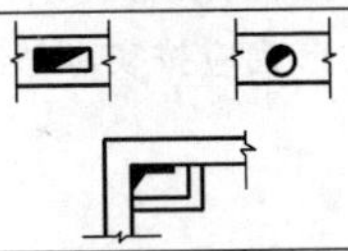	1.阴影部分可以涂色代替。 2.烟道与墙体为同一材料,其相接处墙身线应断开
6	通风道	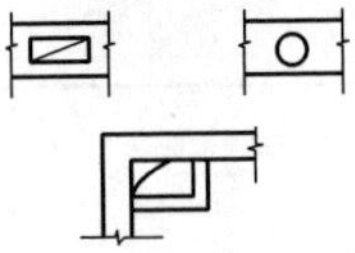	
7	单层外开平开窗	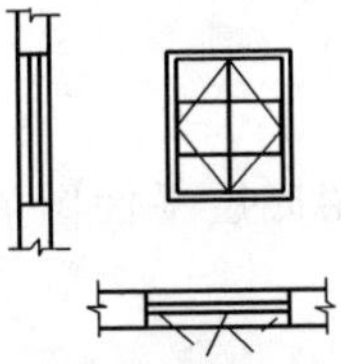	1.窗的名称代号用 C 表示。 2.立面图中的斜线表示窗的开启方向,实线为外开,虚线为内开;开启方向线交角的一侧为安装合页的一侧,一般设计图中可不表示。 3.图例中,剖面图所示左为外,右为内,平面图所示下为外,上为内。 4.平面图和剖面图上的虚线仅说明开关方式,在设计图中不需表示。 5.窗的立面形式应按实际绘制。 6.小比例绘图时平、剖面的窗线可用单粗实线表示
8	单层内开平开窗	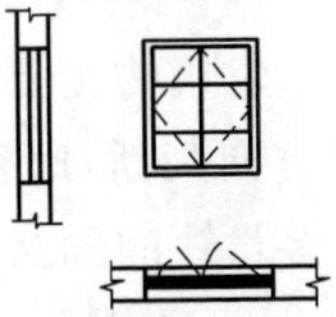	
9	双层内外开平开窗	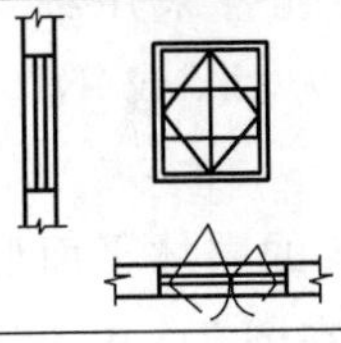	

序号	名称	图例	说明
10	单扇门（包括平开或单面弹簧）	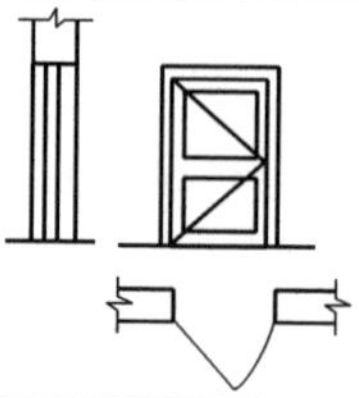	1. 门的名称代号用 M 表示。 2. 图例中剖面图左为外、右为内，平面图下为外、上为内。 3. 立面图上开启方向线交角的一侧为安装合页的一侧，实线为外开，虚线为内开。 4. 平面图上门线应 90°或 45°开启，开启弧度宜绘出。 5. 立面图上的开启线在一般设计图中可不表示，在详图及室内设计图上应表示。 6. 立面形式应按实际情况绘制
11	双扇门（包括平开或单面弹簧）		
12	双扇双面弹簧门	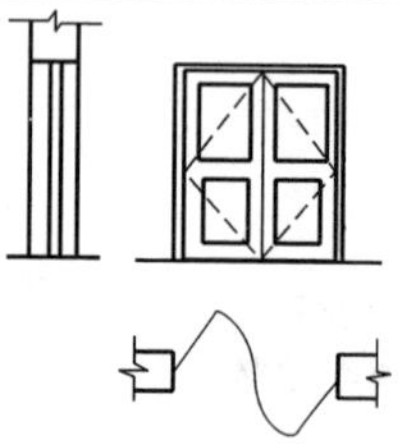	

3.3.3　建筑平面图的图示内容

1. 底面平面图

下面以某办公教学楼的底层平面图为例，介绍底层平面图的主要内容。如图 3-5 所示。

（1）建筑物朝向。

建筑物的朝向在底层平面图中用指北针表示。建筑物主要入口在哪面墙上，就称建筑物朝哪个方向。如图 3-5 所示，根据指北针方向判断，此教学楼的主要入口面向南方，说明此建筑朝南，即常说的"坐北朝南"。指北针的画法在《房屋建筑制图统一标准》（GB/T 50001—2010）有明确说明，即指北针采用细线绘制，圆的直径为24 mm，指北针尾部为 3 mm，指针指向北方，标记为"北"或"N"。

（2）平面布置。

平面布置是平面图的主要内容，着重表达建筑的整体平面形状及各种用途房间与走道、楼梯、卫生间的关系。房间用墙体分隔。在图 3-5 中，可以看到，从大门入口进入办公楼来看房屋平面分隔与布置情况。大门入口处设有外门和内门两道门，进入门厅，右侧是收发室窗口，向右拐是收发室，走廊两侧的房间有办公室、化验室、实验室、楼梯和厕所等。厕所间分男女厕所，设备有蹲式大便器、小便器和水池子。在

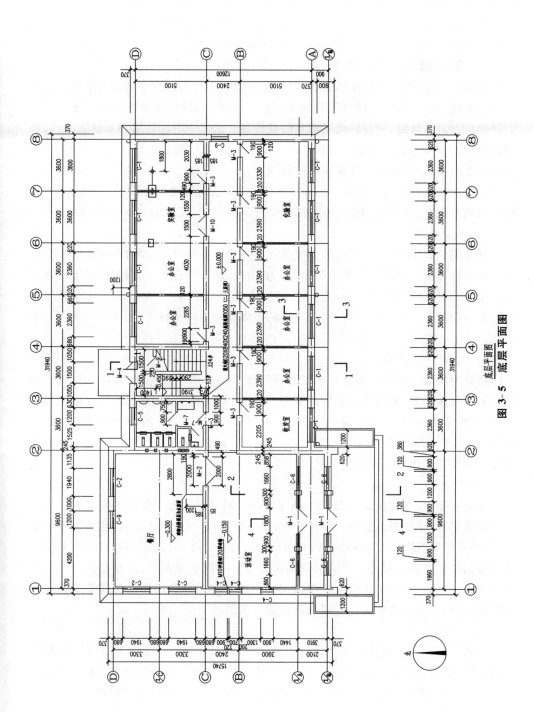

图 3-5　底层平面图

楼梯间中只画出第一个梯段的下半部分,这是因为水平剖切平面在楼梯平台下剖切造成的。图中楼梯处箭头旁写有上 24 步 150×290,是指从底层到二层两个梯段共有 24 个踏步。另一侧下 3 步 150×290 是指通向楼外的。

(3)定位轴线。

房间的大小、走廊的宽窄和墙、柱的位置在建筑工程施工图中用轴线来确定。凡是主要的墙、柱、梁的位置都要用轴线来定位。根据《房屋建筑制图统一标准》(GB/T 50001—2010)规定,定位轴线用细点画线绘制。编号应写在轴线端部的圆圈内,圆圈直径应为 8 mm,详图上则用 10 mm。圆圈的圆心应在轴线的延长线上;若受图样作图位置限制,也可处于轴线延长线的折线上。

如图 3-5 中平面图横向编号的轴线有①～⑧,竖向编号的轴线有③～⑥。通过轴线表明办公室、收发室、厕所和楼梯间的"开间×进深"尺寸均为 3600×5100。

(4)地面标高。

在房屋建筑工程中,各部位的高度都用标高表示。除总平面外,施工图中所标注的标高均为相对标高。在平面图中,因为各种房间的用途不同,房间的高度不都在同一水平面上,如在图 3-5 中,可以看到地面标高办公室一侧为±0.000,餐厅为－0.300,门厅为－0.150。由门厅进入右侧走廊要迈上一步台阶,进入餐厅要下一步台阶。

(5)墙厚(柱的断面)。

房屋中的墙(承重墙)和柱是承受建筑物垂直荷载的重要构件,墙体又具有分隔房间和抵抗水平剪力的作用(抵抗水平剪力的墙,称为剪力墙,多为钢筋混凝土墙)。因此,墙的平面位置、尺寸大小都很重要。从图 3-5 中可以看到,外墙厚(除个别处外)为 490,走廊和楼梯间墙厚为 370,办公室的间墙有 240 和 120 两种。图中所有墙身厚度均不包括抹灰层厚度。

(6)门和窗。

在平面图中,只能反映出门、窗的平面位置、洞口宽度及与轴线的关系。各种门窗的画法详见《建筑制图标准》(GB/T 50104—2010)。在施工图中,门用代号"M"表示,窗用代号"C"表示,防火门用"FM"表示,卷帘门用"JLM"表示,如"M-1"表示编号为 1 的门,"C-2"表示编号为 2 的窗。门窗的尺寸高度在立面图、剖面图和门窗表中都有表示,读图时通常要审看三者中的尺寸是否存在差异。门窗的制作安装需查找相应的详图,通常与建筑设计说明编制在同一张图纸上。

(7)楼梯。

建筑平面图的绘制比例较小,楼梯在房屋中的具体情况不能清楚表达。楼梯的制作、安装需要另外绘制楼梯详图。在平面图中,只需表示清楚楼梯设在建筑中的平面位置、开间和进深的尺寸、楼梯的上下行方向及上一层楼的步级数即可。

(8)各种符号。

标注在平面图上的符号有剖切符号和索引符号等。剖切符号按《房屋建筑制图统一标准》和《建筑制图标准》规定标注在底层平面图上，表示出剖面图的剖切位置和投射方向及编号，如图 3-5 中的 2-2，4-4 等。

（9）平面尺寸。

平面图中标注的尺寸分内部尺寸和外部尺寸两种，主要反映房屋中各个房间的开间、进深尺寸、门窗的平面位置及墙、柱、门垛等的厚度。一般在建筑平面图上的尺寸（详图例外）均为未装修的结构表面尺寸、门窗尺寸等。

① 外部尺寸，一般在图形下方及左侧注写三道尺寸。

第一道尺寸，表示外轮廓的总尺寸，即指从一端外墙边到另一端外墙边的总长和总宽尺寸，用总尺寸可计算出房屋的占地面积。

第二道尺寸，表示轴线间的距离，用以说明房间的开间和进深大小的尺寸。

第三道尺寸，表示门窗洞口、窗间墙及柱等的尺寸。当房屋前后或左右不对称时，平面图上四周都应标注三道尺寸，相同的部分不必重复标注。另外，台阶、花池及散水（或明沟）等细部的尺寸，可单独标注。

② 内部尺寸为了表明房间的大小和室内的门窗洞、孔洞、墙厚和固定设备（如厕所、盥洗室、工作台、搁板等）的大小与位置，在平面图上应清楚地注写出具体的内部尺寸。

2. 其他楼层平面图

除底层平面图外，在多层或高层建筑中，除了标高有差异外，中间层一般都相同，这样的中间层可称为标准层，用一张标准层平面图表达就可以了。在楼层地面一个标高符号上标出其他层的标高即可。

图 3-6 所示为教学楼，这个中学教学楼要分别绘制底层平面图、二层平面图、三层平面图和屋顶平面图，分别见图 3-5、图 3-6、图 3-7、图 3-8 中的各个图样。

平面图的详细讲解见第 6 章施工图实例。

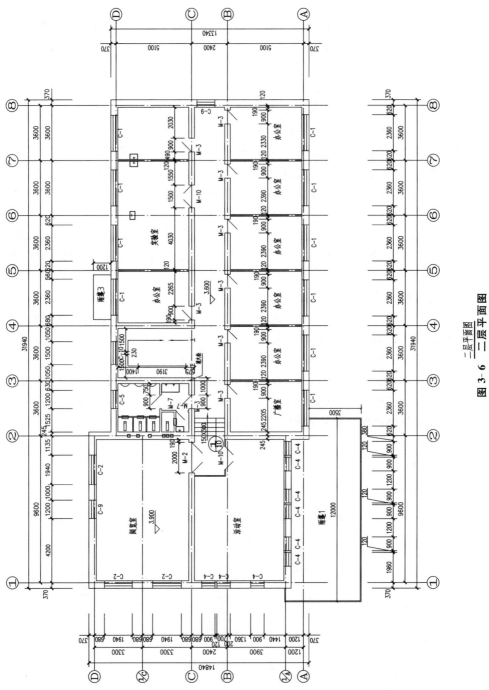

图 3-6　二层平面图

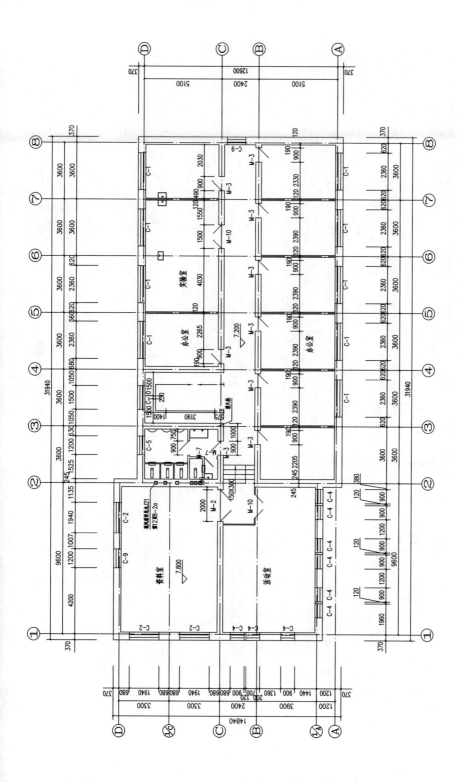

图 3-7　三层平面图

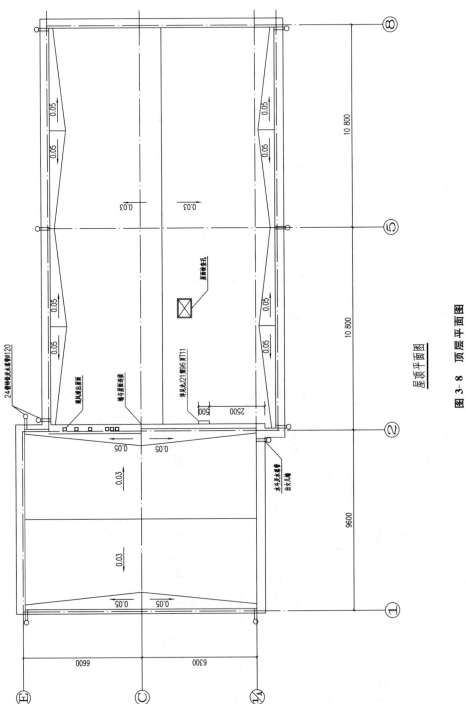

屋顶平面图

图 3-8　顶层平面图

3. 建筑平面图的识读要求

各种建筑平面图样的识读内容如前所述,从平面图表达的内容来看,底层平面图包含的信息最为全面,因此识读建筑平面图,必须先读懂底层平面图。

(1) 识读底层平面图的要求。

① 根据底层平面图中的指北针,应能明确房屋的朝向、形状、主要房间的布置及相互关系。

② 熟悉房屋的主要定位与定形尺寸,掌握建筑物尺寸的复核方法。复核的方法是将局部构造的尺寸相加,看是否等于轴线尺寸;轴线尺寸的总和与房屋两端外墙厚的尺寸相加,看是否等于总体尺寸。另外,在读图过程中,结合建筑相关内容的学习和积累,逐步培养出判断已标注尺寸是否错漏,甚至是否合理的能力。

③ 了解标高设计内容,掌握房间、卫生间、厨房、楼梯间和室外地面的标高。

④ 熟悉门窗种类、尺寸及数量,并能够结合平面图的识读对门窗表进行校核。

⑤ 明确附属设施的平面位置。如雨水口、雨水管的位置,卫生间中的洗涤槽、厕所蹲位位置等。

⑥ 熟悉建筑设计总说明,掌握建筑施工及装修材料的要求和做法。

(2) 识读屋顶平面层(包括屋顶夹层)平面图要求。

① 掌握屋面的排水方向、坡度、排水分区(屋脊线位置)、雨水口及落水管位置。

② 掌握屋面及各局部构造的类型、位置及做法(需结合详图)。

如图 3-8 所示的屋顶平面图中,①、②轴线间平行于①、②轴的线,表示组织流水的管线,两侧分别是坡度为 0.03 的坡,可使雨水流向两则;①、②轴线附近分别有 4 个坡度为 0.05 的坡,使雨水流向 4 个角的落水管。

3.4　建筑立面图

3.4.1　建筑立面图及作用

每栋建筑物都有前后左右四个面。表示各个外墙面特点的正投影图称为立面图。表示建筑物正立面特点的正投影图称为正立面图;表示建筑物侧立面特征的正投影图称为侧立面图。侧立面图又分左侧立面图和右侧立面图。

一座建筑物是否美观,在于它对主要立面的艺术处理、造型与装修是否优美。立面图是用来表示建筑物的体形和外貌,并表明外墙面装饰要求的图样。

3.4.2　建筑立面图的主要内容

(1) 看图名和比例了解是房屋哪一侧面的投影、绘图比例是多少,以便与平面图对照阅读。

(2) 看房屋立面的外形,以及门窗、屋檐、台阶、阳台、烟囱、雨水管等形状及位置。

（3）看立面图中的标高尺寸,通常立面图中注有室外地坪、出入口地面、勒脚、窗口、大门口及檐口等处标高。

（4）看房屋外墙表面装修的做法和分格形式等,通常用指引线和文字来说明粉刷材料的类型、配合和颜色等。

3.4.3　立面图的读识

立面图与平面图有密切关系,各立面图轴线编号均应与平面图严格一致,房屋外墙的凹凸情况应与平面图联系起来看。

在读立面图时应注意以下内容。

（1）图名、比例。

（2）建筑的外貌。

（3）建筑的高度。

（4）建筑物的外装修。

（5）立面图上详图索引符号的位置与其作用。

如图 3-9 和 3-10 所示。立面图的详细讲解见第 6 章。

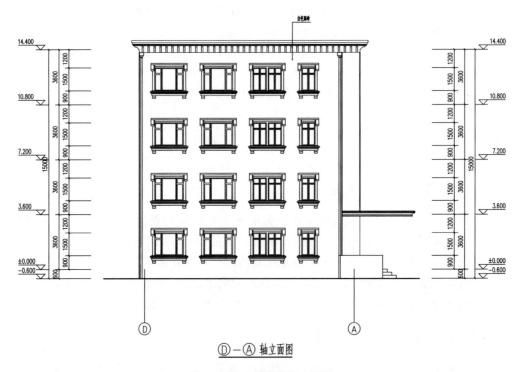

图 3-9　教室教学楼侧立面图

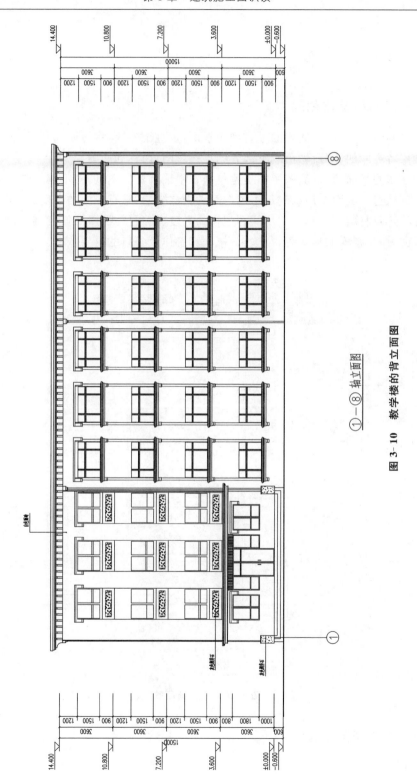

① — ⑧ 轴立面图

图 3-10　教学楼的背立面图

3.5　建筑剖面图

3.5.1　剖面图及作用

　　建筑剖面图,是用一假想的竖直剖切平面,垂直于外墙,将房屋剖开,移去剖切平面与观察者之间的部分,做出剩下部分的正投影图,简称剖面图。

　　剖面图同平面图、立面图一样是建筑施工中最重要的图纸,表示建筑物的整体情况及内部构造。剖面图用以表示房屋内部的楼层分层、垂直方向的高度、简要的结构形式和构造及材料等内容。如房间和门窗的高度、屋顶形式、屋面坡度、檐口形式、楼板搁置的方式、楼梯的形式等,是施工、概预算工作及备料的重要依据。

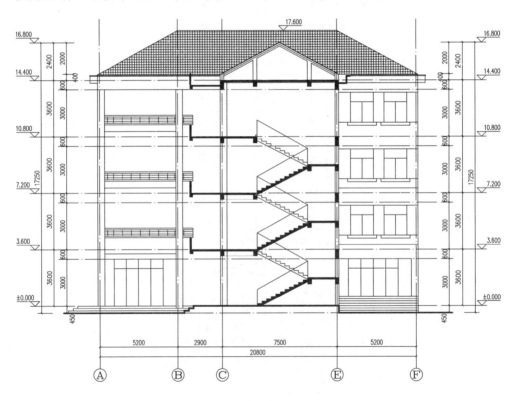

1—1剖面图 1:100

图 3-11　1—1 剖面图

3.5.2　剖面图的识读

　　(1)结合底层平面图识读,对应剖面图与平面图的相互关系,建立起建筑物内部的空间概念。

（2）结合建筑设计说明或材料做法表识读，查阅地面、楼面、墙面、顶棚的装修方法。

（3）查阅各部位的高度。

（4）结合屋顶平面图识读，了解屋面坡度、屋面防水、女儿墙泛水、屋面保温、隔热等。

3.6　建筑详图

3.6.1　概述

建筑平面图、立面图和剖面图虽然能表达建筑物的外部形状、平面布置、内部构造和主要尺寸，但由于按比例缩小后，许多细部构造、尺寸、材料和做法等内容无法表达清楚。为了满足施工要求，通常采用较大的比例（如 1:50、1:20、1:10，甚至 1:5）来绘制建筑物细部构造的详细图样。这种另外放大绘制的图样称为建筑详图，也称为大样图。建筑详图是建筑平面图、立面图和剖面图的补充，也是建筑施工图的重要组成部分。建筑详图一般分为构造节点详图和构配件详图两类。凡表达建筑物某一局部构造、尺寸和材料的详图称为构造节点详图，如檐口、窗台、勒脚、明沟等；凡表明构配件本身构造的详图称为构件详图或配件详图，如门、窗、楼梯、墙裙、雨水管等。

对于套用标准图或通用图的构造节点和建筑构配件，只需注明所套用图集的名称、型号或页次，可不必另画详图。

对于构造节点详图，除了要在建筑平、立、剖面图上的有关部位标注出索引符号外，还应在详图上注出详图符号或名称，以便对照查阅。而对于构配件详图，可不注索引符号，只在详图上写明此配件的名称或型号即可。

建筑详图的图线一般采用三种线宽的线宽组，其线宽宜为 1:0.5:0.25，如绘制较简单的图样时，也可采用两种线宽的线宽组，其线宽比宜为 1:0.25。初学者对线宽可按如下原则把握：构件的轮廓线用 $0.5b$ 或 b，若大构件里包含小构件，大构件的轮廓线用 b，较小构件的轮廓线则用 $0.5b$，其他线条用 $0.25b$。

一幢房屋的建筑施工图通常有以下几种详图：外墙详图、楼梯详图、门窗详图以及室内外一些构配件的详图，如室外台阶、花池、散水、明沟、阳台、卫生间、壁柜等。因为一个建筑设计施工图样不可能包括这些所有的详图图样，为便于学习，在此节所列的说明图样除部分节点详图外，其他就不是前几节中所用中学教学楼建筑施工图中的图样了。

3.6.2　墙身详图

墙身详图是将墙体从上至下做逐一剖切，画出放大的局部剖面图。这种剖切可以表明墙身及其屋檐、屋顶面、楼板、地面、窗台、过梁、勒脚、散水、防潮层等细部的构造与材料、尺寸大小以及与墙身的关系等。

墙身详图根据需要可以画出若干个，以表示房屋不同部位的不同构造内容。

墙身详图，在多层房屋中，若各层的情况一样时，可只画底层、顶层加一个中间层来表示，画图时，通常在窗洞中间处断开，成为几个节点详图的组合，如图 3-12 墙身详图中 3—3 墙身剖面图为例。

下面具体介绍外墙身详图的内容与阅读方法。

（1）看图名查找底层平面图中的局部剖切线可知该墙身剖面图。从底层平面图 3—5 可知它是 A 轴外墙的墙身剖面详图。

（2）看檐口剖面部分，可知该房屋女儿墙（亦称包檐）、屋顶层及为了详细表明屋面保温防水及女儿墙与泛水的做法，该处作了索引号图，具体做法见详图（图 3-13）。

（3）看窗顶剖面部分，可知窗顶钢筋混凝土过梁的构造情况。图中所示的各层窗顶过梁都是 L 形的。其中有的过梁就是圈梁，这里不再细读，待结构图时详细解释。

（4）看窗台剖面部分，可知窗台是水磨石预制板的。

从窗顶和窗台剖面详图中还可了解到窗和窗框都是双层的。

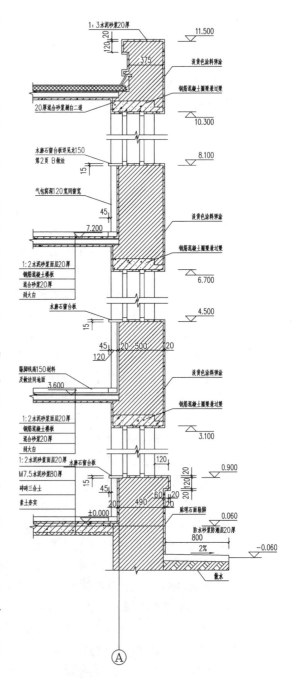

3-3墙身剖面图

图 3-12　墙身详图

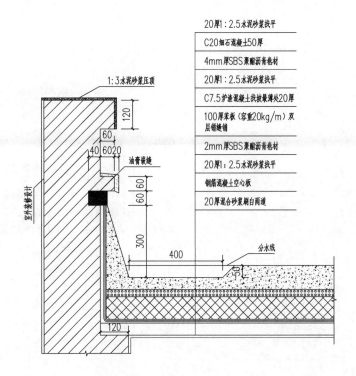

20厚1：2.5水泥砂浆找平

C20细石混凝土50厚

4mm厚SBS聚酯沥青卷材

20厚1：2.5水泥砂浆找平

C7.5炉渣混凝土找坡最薄处20厚

100厚苯板（容重20kg/m）双层错缝铺

2mm厚SBS聚酯沥青卷材

20厚1：2.5水泥砂浆找平

钢筋混凝土空心板

20厚混合砂浆刷白两道

防水卷材屋面与女儿墙泛水

图 3-13　防水卷材屋面与女儿墙泛水

（5）看楼板与墙身连接剖面部分，了解楼层地面的构造、楼板与墙的搁置方向等。如该墙身表示二、三层楼地板和屋面板的一端均搁置在 A 轴墙上。地面是预制钢筋混凝土空心板，上做 1：2 水泥砂浆面层 20 mm 厚。

（6）看勒脚剖面部分，可知勒脚、散水、防潮层等的做法。该图表明自窗台以下都做成贴理石的勒脚。散水坡宽 800 mm，坡度 3％至 5％，防潮层标高 −0.060 m，防水砂浆 20 mm 厚。在该图中还可看到一层窗台伸出 60 mm，砖砌 120 mm 厚。底层地面的做法如图 3-14。

（7）看图中的各部位标高尺寸可知室外地坪、室内一、二、三层地面、顶棚和各层窗口上下以及女儿墙顶的标高尺寸。

图 3-14 和图 3-15 为墙身剖面详图。

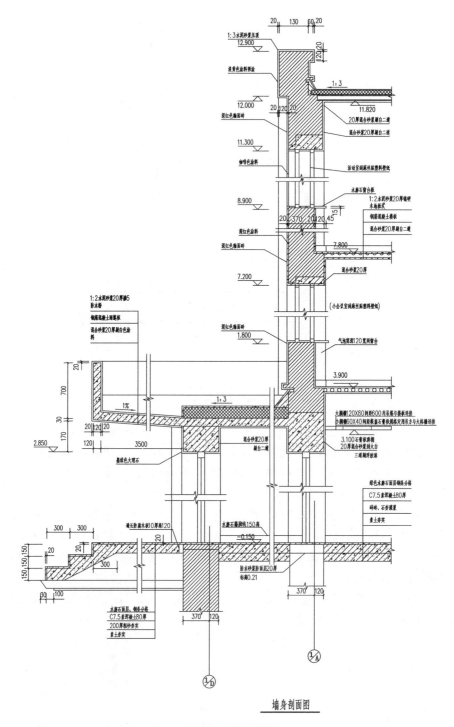

墙身剖面图

图 3-14　墙身详图

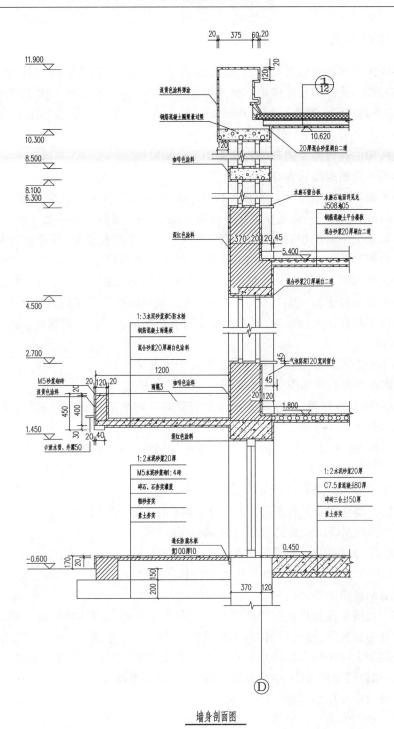

墙身剖面图

图 3-15　墙身详图

3.6.3　楼梯详图

　　楼梯详图主要表示楼梯的类型、结构形式、各部位尺寸以及踏步、栏杆的装修做法,是楼梯施工、放样的重要依据。楼梯详图一般包括楼梯平面图、剖面图及踏步、栏杆、扶手等节点详图。楼梯平面图和剖面图的比例一般为 1:50,节点详图的常用比例有 1:10、1:20 等。

　　一般楼梯的建筑施工图和结构施工图应分别绘制。

1. 楼梯平面图的图示内容

　　楼梯平面图实际上是建筑平面图中楼梯间的局部放大图。通常包括底层平面图、中间层(或标准层)平面图和顶层平面图。底层平面图的剖切位置在第一楼梯段上,因此,在底层平面图中只有半个梯段,并注有"上"字的长箭头、梯段断开处画 45°折断线。中间层平面图的剖切位置在某楼层向上的楼梯段上,所以在中间层平面图上既有向上的梯段,又有向下的梯段,在向上梯段断开处画 45°折断线;顶层平面图其剖切位置在顶层楼面一定高度处,对于非上人屋面而言没有剖切到楼梯段,因而在顶层平面图中只标注下行路线,其平面图中没有折断线。某高层建筑楼、电梯平面图如图 3-16 所示。

　　楼梯平面图表达的主要内容包括以下几个方面。

　　(1)楼梯在建筑平面图中的位置及有关轴线的布置。

　　(2)楼梯间、楼梯段、楼梯井和休息平台等部位的平面形式和尺寸,楼梯踏步的宽度和踏步数。

　　(3)楼梯上行或下行的方向,一般用箭头带尾线表示,箭头表示上下方向,箭尾标注上、下字样及踏步数。

　　(4)楼梯间各楼层平面、休息平台面的标高。

　　(5)底层楼梯休息平台下的空间处理,是过道还是小房间。

　　(6)楼梯间墙、柱、门窗的平面位置、编号和尺寸。

　　(7)栏杆(板)、扶手、楼梯间窗或花格等的位置。

　　(8)底层平面图上楼梯剖面图的剖切位置和投射方向。

2. 楼梯剖面图的图示内容

　　楼梯剖面图是按楼梯底层平面图中的剖切位置及剖切方向画出的垂直剖面图。凡是被剖到的楼梯段、楼地面、休息平台用粗实线画出,并画出材料图例;没有被剖到的楼梯段用中实线或细实线画出轮廓线。在多层建筑中,楼梯剖面图可以只画出底层、中间层和顶层的剖面图,中间用折断线分开,将各中间层的楼面、休息平台的标高数字在所画的中间层相应标注,并加括号。

　　楼梯剖面图的图示内容包括以下几部分。

　　(1)楼梯间墙的定位轴线及编号,轴线间的尺寸。

　　(2)楼梯的类型及其结构形式,楼梯的梯段及踏步数。

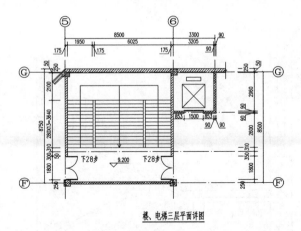

楼、电梯三层平面详图

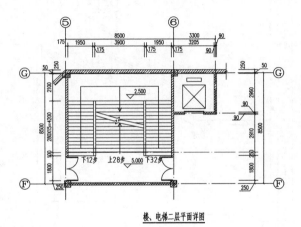

楼、电梯二层平面详图

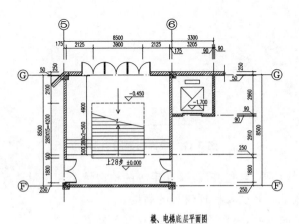

楼、电梯底层平面图

图 3-16　楼、电梯平面图

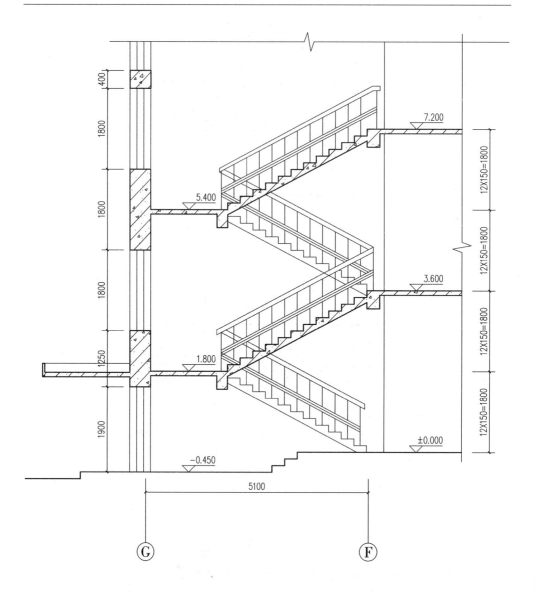

楼梯剖面图

图 3-17 楼梯剖面图示例

（3）楼梯段、休息平台、栏杆（板）、扶手等的构造情况和用料情况。

（4）踏步的宽度和高度及栏杆（板）的高度。

（5）楼梯的竖向尺寸，进深方向的尺寸和有关标高。

（6）踏步、栏杆（板）、扶手等细部的详图索引符号。

与图 3-16 楼梯平面图对应的楼梯 1—1 剖面图如图 3-17 所示。

3.6.4　门窗详图

一般木门窗是由门窗框、门窗扇、亮子、铰链和风钩等组成的。

在建筑施工图中,如果采用标准图,则只需在门窗统计表中注明该详图所在标准图集中的编号,不必另画详图。如果没有标准图,或采用非标准门窗,则一定要画出门窗详图。

门窗详图是表示门窗的外形、尺寸、开启方式和方向、构造、用料等情况的图纸。一般由立面图、节点详图、五金配件、文字说明等组成。

1. 门窗立面图的图示内容

门窗立面图是其外立面的投影图,主要表明门窗的外形、尺寸、开启方式和方向、节点详图等内容。立面图上的开启方向用相交细斜线表示,两斜线的交点即安装门窗扇铰链的一侧,斜线为实线表示外开,虚线表示内开。

门窗立面图一般应包含如下内容。

(1)门窗的立面形状、骨架形式和材料。

(2)门窗的主要尺寸。立面图上通常注有三道尺寸,最外一道为门窗洞口尺寸,也是建筑平、立、剖面图上标注的洞口尺寸,中间一道为门窗框的尺寸和灰缝尺寸,最里面一道为门窗扇及门窗扇分隔尺寸。

(3)门窗的开启形式,是内开、外开还是其他形式。

(4)门窗节点详图的剖切位置和索引符号。

2. 门窗节点详图的图示内容

门窗节点详图是门窗的局部剖(断)面图,是表明门窗中各构件的断面形状、尺寸以及有关组合等节点的构造图纸。包括以下内容。

(1)节点详图在立面图中的位置。

(2)门窗框和门窗扇的断面形状、尺寸、材料以及构造关系,门窗框与墙体的相对位置和连接方式,有关的五金零件等。

由于建筑门窗一般由专业施工单位承包施工,根据门窗平面图就可与业主协调后确定具体施工,目前建筑门窗多绘制门窗立面图,只明确门窗洞口尺寸及门窗材质即可。

3.6.5　建筑构配件标准图的使用

在建筑施工图中,有许多构配件和构造做法常采用标准图。识读或绘制图样时需要查阅相关标准图集。

查阅标准图应根据施工图中的设计说明或索引标志所注明的标准图集的名称、编号及编制单位查找所选用的标准图集,阅读标准图集的总说明,了解其编制的设计依据、适用范围、施工要求及注意事项,最后根据标准图集内的构配件代号找到所需的详图。

第4章　结构施工图识读

4.1　概述

房屋的结构施工图是根据房屋建筑中的承重构件进行结构设计后画出的图样。结构设计时要根据建筑要求选择结构类型,并进行合理布置,再通过力学计算确定构件的断面形状、大小、材料及构造等。结构施工图必须与建筑施工图密切配合,它们之间不能产生矛盾。

4.1.1　房屋结构的分类

常见的房屋结构按承重构件的材料可分为以下几种。

(1)混合结构:承重的主要结构是用钢筋混凝土和砖木建造。如一幢房屋的梁是钢筋混凝土制成,以砖墙为承重墙,或者梁是木材制造,柱是钢筋混凝土建造的。

(2)钢筋混凝土结构:柱、梁、楼板和屋面都是钢筋混凝土构件。

(3)砖木结构:墙用砖砌筑,梁、楼板和屋架都用木料制成。

(4)钢结构:承重构件全部为钢材。

(5)木结构:承重构件全部为木料。

目前我国建造的住宅、办公楼、学校的教学楼、集体宿舍等民用建筑,都广泛采用钢筋混凝土结构和砖混结构,其中钢结构以其优良的承载能力正逐步得以普及。在房屋建筑结构中,结构的作用先传递给基础,再由基础传递给地基。如图 4-1 所示。

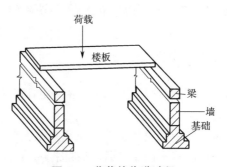

图 4-1　荷载的传递过程

4.1.2 结构施工图通常应包括的内容

在房屋建筑中,任何一幢建筑物,都是由梁、板、柱、墙、屋架、基础等构件组成。这些构件承受着建筑物的各种荷载,并按一定的构造和连接方式组成空间结构体系,这种结构体系称为建筑结构。建筑结构由上部结构和下部结构组成。上部结构包括梁、板、柱、墙及屋架等构件,下部结构包括基础和地下室。图 4-2 为内框架结构示意图,图中说明了梁、板、柱及基础等构件在房屋中的位置及相互关系。

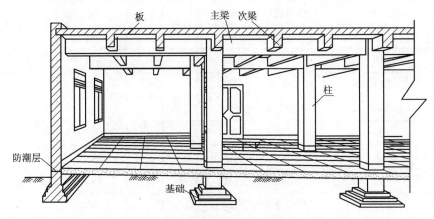

图 4-2   内框架结构示意图

4.2   结构施工图基本知识

4.2.1   结构施工图的内容与作用

建造一幢房屋,除了从事建筑设计的人员要画建筑施工图外,从事结构设计的人员还要按照建筑设计的要求进行结构设计,包括结构平面布置、各承重构件(如梁、板、柱、墙、屋架、基础等)的力学计算,在此计算的基础上决定各承重构件的具体形状、大小、所用材料(钢材和混凝土强度等级等)、内部构造及它们之间的相互关系,最后将设计成果绘制成图样,用以指导施工(如施工放线、混凝土浇筑及梁、板的安装和现场施工等),这种图样称为结构施工图,简称"结施"。

为了便于识读结构施工图,现将结构施工图的有关内容介绍如下。

1. 结构施工图的内容

结构施工图主要表示建筑物的承重构件(梁、板、柱、墙体、屋架、支撑、基础等)的布置、形状、尺寸大小、数量、材料、构造及其相互关系。结构施工图是建筑结构施工的主要依据。

结构施工图一般包括结构图纸目录、结构设计总说明、基础施工图、结构平面布置图、梁板配筋图和结构详图等。

（1）图纸目录可以让我们了解图纸的排列、总张数和每张图纸的内容，用于校对图纸的完整性，查找所需要的图纸。表 4-1 所示为某小区综合住宅楼的结构图纸目录。

表 4-1　某小区综合住宅楼的结构图纸目录

序　号	图　号	图　名	张　数	图　幅	备　注
1	结施—01	结构设计总说明	1	A1	
2	结施—02	基础平面图	1	A1	
3	结施—03	基础详图	1	A1	
4	结施—04	柱布置及地沟详图	1	A1	
5	结施—05	一层顶梁配筋图	1	A1	
6	结施—06	一层顶板配筋图	1	A1	
7	结施—07	二至五屋顶梁板配筋图	1	A1	
8	结施—08	六层顶梁板配筋图	1	A1	
9	结施—09	屋面檩条布置图	1	A1	
10	结施—10	楼梯结构图	1	A1	

（2）结构总设计说明，包括抗震设计与防火要求、地基与基础、地下室、钢筋混凝土各结构构件、砖砌体、后浇带与施工缝等部分选用的材料类型、规格、强度等级，施工注意事项等。很多设计单位已将上述内容一一详列在一张"结构说明"图纸上，供设计者选用。

（3）结构平面布置图，包括以下几类。

① 基础平面图，工业建筑还有设备基础布置图。

② 楼层结构平面布置图，工业建筑还包括柱网、吊车梁、柱间支撑等。

③ 屋面结构平画图，包括屋面板、天沟板、屋架、天窗架及支撑系统布置等。

（4）结构详图，包括以下几类。

① 梁、板、柱及基础构件详图。

② 楼梯结构详图。

③ 屋架结构详图。

④ 其他结构详图，如支撑详图等。

2. 结构施工图的作用

结构施工图主要作为施工放线、开挖基槽、立模板、绑扎钢筋、设置预埋件、浇捣混凝土柱、梁、板等承重构件的制作安装和现场施工的依据，也是编制预算与施工组织计划等的依据。

4.2.2　各种常用代号

1. 常用构件代号

结构构件的种类繁多,布置复杂,为了图示简明扼要,便于查阅、施工,在结构施工图中,常需要注明构件的名称。汉字表达不方便,要用"国标"规定的构件代号来表示。构件的代号通常以构件名称的汉语拼音第一个大写字母表示。常用结构构件的代号见表 4-2。

表 4-2　常用构件代号

序号	名称	代号	序号	名称	代号	序号	名称	代号
1	板	B	19	圈梁	QL	37	承台	CT
2	屋面板	WB	20	过梁	GL	38	设备基础	SJ
3	空心板	KB	21	连系梁	LL	39	桩	ZH
4	槽型板	CB	22	基础梁	JL	40	挡土墙	DQ
5	折板	ZB	23	楼梯梁	TL	41	地沟	DG
6	密肋板	MB	24	框架梁	KL	42	柱间支撑	ZC
7	楼梯板	TB	25	框支梁	KZL	43	垂直支撑	CC
8	盖板或沟盖板	GB	26	屋面框架梁	WKL	44	水平支撑	SC
9	挡雨板、檐口板	YB	27	檩条	LT	45	梯	T
10	吊车安全走道板	DB	28	屋架	WJ	46	雨棚	YP
11	墙板	QB	29	托架	TJ	47	阳台	YT
12	天沟板	TGB	30	天窗架	CJ	48	梁垫	LD
13	梁	L	31	框架	KJ	49	预埋件	M—
14	屋面梁	WL	32	刚架	GJ	50	天窗端壁	TD
15	吊车梁	DL	33	支架	ZJ	51	钢筋网	W
16	单轨吊车梁	DDL	34	柱	Z	52	钢筋骨架	G
17	轨道连接	DGL	35	框架柱	KZ	53	基础	J
18	车档	CD	36	构造柱	GZ	54	暗柱	AZ

注:① 预制钢筋混凝土构件、现浇钢筋混凝土构件、钢构件和木构件,一般可直接采用本表中的构件代号。在设计中,当需要区别上述构件种类时,应在图纸中加以说明。

②预应力钢筋混凝土构件代号,应在构件代号前加注"Y-",如 Y-KB 表示预应力钢筋混凝土空心板。

2. 常用材料代号

钢筋代号采用不同的直径符号来表示。实际使用时在直径符号前用阿拉伯数字表示根数,在直径符号后加"@"符号表示间距。如"2 Φ 16"表示直径为 16 mm 的 HRB335 钢筋 2 根;"ϕ8@200"表示直径为 8 mm 的 HPB300 钢筋,间距为 200 mm。

混凝土材料强度等级采用代号 C 后加阿拉伯数字表示。

砌体材料采用强度等级来区分所需的材料强度高低。其中块体材料的强度等级如砖,采用代号 MU 后加阿拉伯数字表示。砂浆材料的强度等级则采用代号 M 后加阿拉伯数字表示。钢材中型钢的种类、型号也用代号表示,见表 4-3。

表 4-3　常用型钢的标注方法

序号	名称	截面	标注	说明
1	等边角钢		$b \times t$	b 为肢宽 t 为肢厚
2	不等边角钢	B	$B \times b \times t$	B 为长肢宽 b 为短肢宽 t 为肢厚
3	工字钢		N Q N	轻型工字钢加注 Q 字 N 工字钢的型号
4	槽钢		N Q N	
5	方钢	b	b	
6	扁钢	b	$-b \times t$	
7	钢板		$\dfrac{-b \times t}{l}$	宽×厚 板长
8	圆钢		ϕ d	
9	钢管		$DN \times \times$ $d \times t$	内径 外径×壁厚
10	薄型方钢管		B $b \times t$	
11	薄壁等肢角钢		B $b \times t$	薄壁钢加注 B 字 t 为壁厚
12	薄壁等肢卷边角钢	a	B $b \times a \times t$	

续表

序号	名称	截面	标注	说明
13	薄壁槽钢	h	B $h{\times}b{\times}t$	薄壁钢加注 B 字 t 为壁厚
14	薄壁卷边槽钢	a	B $h{\times}b{\times}a{\times}t$	
15	T 形钢	T	TW×× TM×× TN××	TW 为宽翼缘 T 型钢 TM 为中翼缘 T 型钢 TN 为窄翼缘 T 型钢
16	H 形钢	H	HW×× HM×× HN××	HW 为宽翼缘 H 型钢 HM 为中翼缘 H 型钢 HN 为窄翼缘 H 型钢
17	起重机钢轨		QU××	详细说明产品规格型号
18	轻轨及钢轨		××kg/m 钢轨	

3. 工程建筑标准设计图集的代号

（1）我国编制的标准图集,按其编制的单位和适用范围的情况可分为三类。

① 经国家批准的标准图集,供全国范围内使用。

② 经各省、市、自治区等地方批准的通用标准图集,供本地区使用。

③ 各设计单位编制的图集,供本单位设计的工程使用。

（2）建筑标准设计图集的代号分统一编号和图集号两类。

全国通用标准设计图集的统一编号用代号"GJBT"后加阿拉伯数字表示审批顺序,如 GJBT—518 等。协作标准设计及地方通用建筑标准设计图集的统一编号用代号"DBJT××"后加阿拉伯数字表示审批顺序号。"××"表示省、市、自治区标准设计代号,如"01"表示北京市。

全国通用标准图集的图集号编号方法,是在专业代号(建筑专业为 J,结构专业为 G)前加阿拉伯数字表示审批年份,专业代号后加阿拉伯数字表示分类号,如"13G363"中 13 表示 2013 年审批,G 表示结构专业代号,其后紧跟数字 3 表示钢筋混凝土结构构件。地方通用标准图集的图集号的编写方法,基本上与全国通用标准图集相同,只是在专业代号前加省、市、自治区的简称。

4.2.3　钢筋混凝土结构的有关知识

1. 混凝土结构的基本概念

仅用混凝土一种材料制作的构件称为素混凝土构件,其特点是抗压能力强,抗拉能力较弱,常因受拉而断裂。由于钢筋的抗拉能力较强,因此,为了提高混凝土构件的承载能力,常在其受拉区配置一定数量的钢筋,来共同承受荷载。这种由混凝土和钢筋两种不同材料构成的构件称为钢筋混凝土构件。

与素混凝土构件相比,钢筋混凝土构件的受力性能大为改善。图4-3(a)、(b)分别表示两根截面尺寸、跨度、混凝土强度完全相同的简支梁,前者是素混凝土,后者在梁下部受拉区边缘配有适量的钢筋。试验表明,两者的承载能力和破坏性质有很大的差别。

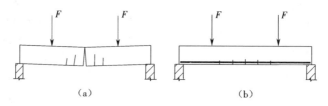

图4-3 素混凝土及钢筋混凝土简支梁的承载力

(a)素混凝土梁的破坏;(b)钢筋混凝土梁的破坏

2. 钢筋

混凝土结构中的钢材按化学成分划分,可分为碳素钢和普通低合金钢两类。按钢筋的加工方法,又可将其分为热轧钢筋、热处理钢筋、冷加工钢筋等。热轧钢筋是由低碳钢、普通低合金钢在高温状况下轧制而成的,属于软钢。工程中常用热轧钢筋代表符号和直径范围,见表4-4。

表4-4 常用热轧钢筋的代表符号和直径范围

强度等级代号	符 号	d/mm
HPB300	Φ	6～22
HRB335	Φ	6～50
HRB400	Φ	6～50
RRB400	Φ^R	8～40

(1)钢筋的标注方法。为了便于识图和施工,构件中的各种钢筋应编号,编号的原则是将种类、形状、直径、尺寸完全相同的钢筋编成同一编号,无论根数多少都只编一个号。若上述有一项不同,钢筋的编号也不相同。编号时应适当照顾先主筋、后分布筋(或架立筋),逐一按顺序编号。编号采用阿拉伯数字,写在直径为6 mm的细线圆中,用平行或放射状的引出线从钢筋引向编号,并在相应编号的引出线的水平线段上对钢筋进行标注,标注出钢筋的数量、代号、直径、间距、编号及所在位置,其说明应沿钢筋的长度标注或标注在有关钢筋的引出线上(一般标注出数量、可不注间距,如

注出间距,就可不注数量。简单的构件,钢筋可不编号)。具体标注方式如图 4-4
所示。

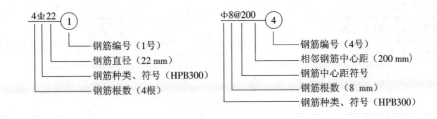

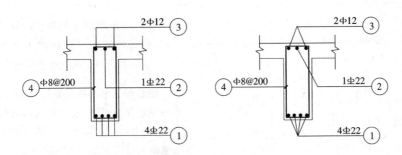

图 4-4　钢筋的编号方式

(2)常见钢筋图例。在结构施工图中,为了表达构件中的配筋情况,在配筋图中,
钢筋用比构件轮廓线粗的单线画出,钢筋的横断面用粗黑圆点表示。钢筋的一般表
示方法见表 4-5,钢筋的配置图例见表 4-6。

表 4-5　钢筋的表示方法

名称	图例	说明
钢筋横断面	●	
无弯钩的钢筋端部		下图表示长短钢筋投影重叠时,可在短钢筋的端部用 45°短线表示
预应力钢筋横断面	+	
预应力钢筋或钢绞线	— ·· — ·· —	用粗双点画线
无弯钩的钢筋搭接		
带半圆形弯钩的钢筋端部		
带半圆形弯钩的钢筋搭接		

名称	图例	说明
带直弯钩的钢筋端部		
带直弯钩的钢筋搭接		
带丝扣的钢筋端部		

表 4-6　钢筋的配置

序号	图例	说明
1	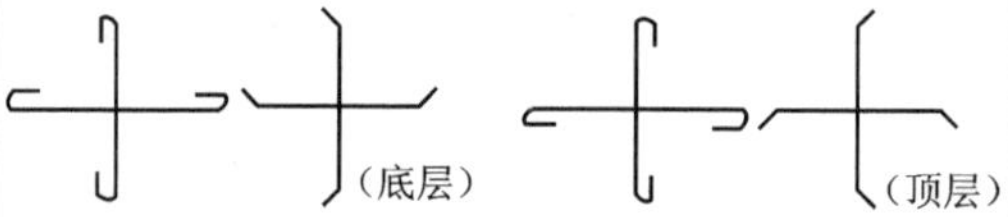 （底层）　　　（顶层）	在结构平面图中配置双层钢筋时,底层钢筋的弯钩应向上或向左,顶层钢筋的弯钩应向下或向右
2	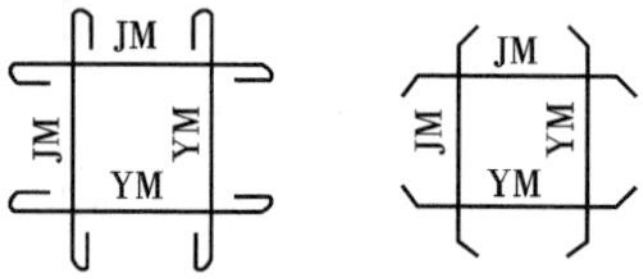 JM　　　JM　YM　　　YM	钢筋混凝土墙体配双层钢筋时,在配筋立面图中,远面钢筋的弯钩应向上或向左,而近面钢筋应向下或向右(JM 近面,YM 远面)
3	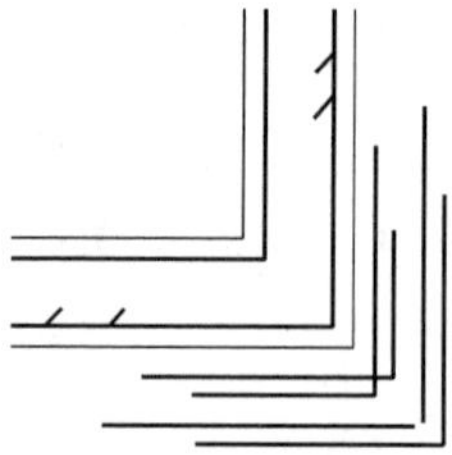	若在断面图中不能表达清楚钢筋布置,可在断面图外增加钢筋大样图(如钢筋混凝土墙、楼梯等)
4	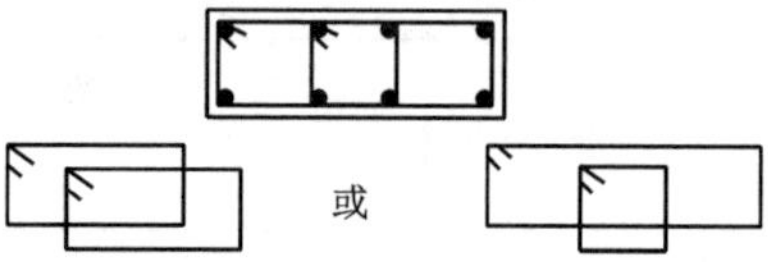 或	图中所表示的箍筋、环筋等若布置复杂时,可加画钢筋大样及说明
5		每组相同的钢筋、箍筋或环筋,可用一根粗实线表示,同时用一两端带斜短线的横穿细线表示其余钢筋及起止范围

（3）钢筋的名称与作用。配置在钢筋混凝土结构中的钢筋,按其在构件中所起的作用不同,一般可分为下列几种,如图 4-5 所示。

① 受力筋。承受拉、压应力的钢筋,也称纵筋或主筋,承受构件中拉力的钢筋称为受拉筋。在梁、柱构件中有时还要配置承受压力的钢筋称为受压筋。

② 箍筋。承受剪力或扭矩的钢筋,同时用来固定纵向受力钢筋的位置,一般与

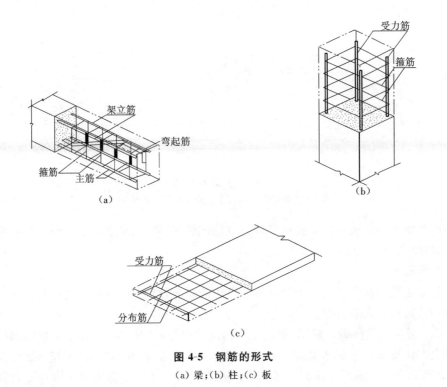

图 4-5　钢筋的形式

(a) 梁；(b) 柱；(c) 板

受力筋垂直。多用在梁和柱内。

③ 架立筋。一般用于梁内，固定箍筋位置，并与受力筋一起构成钢筋骨架。

④ 分布筋。一般用于屋面板、楼板内，与板的受力筋垂直布置，并固定受力筋的位置，构成钢筋骨架。

⑤ 构造筋。构造筋包括架立筋、分布筋以及由于构造要求和施工安装需要而配置的钢筋，统称为构造筋。

(4) 钢筋的弯钩。钢筋混凝土构件中为保证钢筋与混凝土共同工作，要求两者之间有足够的黏结强度，HRB335、HRB400 级等钢筋表面的肋纹可以保证钢筋与混凝土之间形成很强的黏结握裹力，但光面钢筋的黏结强度较低，所以在端部做弯钩，以增强锚固作用。其弯钩形状有半圆弯钩和直弯钩，当钢筋直径较小时，也可做成 45°斜弯钩。箍筋两端在交接处也要做出弯钩。常用弯钩的形式如图 4-6 所示。

(5) 钢筋的选择原则。在实际工程应用中，基于混凝土对钢筋性能的要求，选择时应遵循以下原则。

① 钢筋混凝土结构以 HRB400 级热轧带肋钢筋为主导钢筋；实际工程中，普通钢筋宜采用 HRB400 级和 HRB335 级钢筋，也可采用 RRB400 级钢筋。

② 预应力混凝土结构以高强、低松弛钢丝、钢绞线为主导钢筋；预应力钢筋宜采用预应力钢丝、钢绞线，也可采用热处理钢筋。

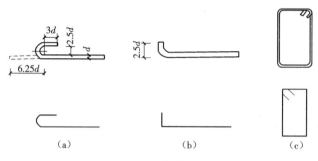

图 4-6　弯钩的形式

(a) 半圆弯钩;(b) 板中直钩;(c) 箍筋弯钩

购买钢筋时应要求厂家提供三项力学性能(抗拉强度、屈服强度、伸长率)和两项化学性能(磷、硫含量)的数据。

3. 混凝土

混凝土是由水泥、砂、石子和水按一定比例混合,经搅拌、浇筑、振捣、养护和逐步凝固硬化形成的人造石材。

(1) 混凝土的等级。我国《混凝土结构设计规范》(GB 50010—2010)规定混凝土按其立方体抗压强度标准值的大小划分为 14 个强度等级,它们是 C15、C20、C25、C30、C35、C40、C45、C50、C55、C60、C65、C70、C75、C80。强度等级为 C60 及其以上的称为高强混凝土。其中:符号 C 表示混凝土,后面的数字表示强度等级的大小。数字越大,表示混凝土抗压强度越高。例如,强度等级为 C30 的混凝土是指混凝土的立方体抗压强度标准值大于或等于 30 MPa,且小于 35 MPa。

(2) 混凝土保护层厚度。为了防止钢筋锈蚀,加强钢筋与混凝土之间的黏结力,需要在纵向受力钢筋的外表面留置一定厚度的混凝土,称为混凝土保护层,其厚度用 c 表示。

混凝土保护层厚度取决于周围环境和混凝土的强度等级。一般梁柱保护层厚度为 25~30 mm,板保护层厚度为 10~15 mm,保护层厚度在图上一般不需标注。《混凝土结构设计规范》(GB 50010—2010)规定:纵向受力的普通钢筋及预应力钢筋,其混凝土保护层厚度不应小于钢筋的公称直径,且应符合表 4-7 中规定。

表 4-7　混凝土保护层的最小厚度　　　　　　　　　　(单位:cm)

环境类型	板、墙、壳	梁、柱、杆
一	15	20
二 a	20	25
二 b	25	35

环境类型	板、墙、壳	梁、柱、杆
三 a	30	40
三 b	40	50

注：① 混凝土强度等级不大于 C25 时，表中保护层厚度数值应增加 5 mm；
　② 钢筋混凝土基础宜设置混凝土垫层，基础中钢筋的混凝土保护层厚度应从垫层顶面算起，且不应小于
　　40 mm。

4.3　建筑结构基础施工图

4.3.1　建筑物基础的有关知识

在建筑工程中，建筑物与土层直接接触的部分称为基础，支承建筑物重量的土层称为地基。基础是建筑物的重要组成部分，它承受建筑物的全部荷载，并将其传给地基。地基则不是建筑物的组成部分，只是承受建筑物荷载的土层。基础的构造形式一般包括条形基础、独立基础、桩基础、箱形基础、筏形基础等。

基础图是表示建筑物相对标高±0.000 以下基础的平面布置、类型和详细构造的图样。它是施工放线、开挖基槽或基坑、砌筑基础的依据。一般包括基础平面图、基础详图和说明三部分。尽量将这三部分编排在同一张图纸上，以便看图。

1. 条形基础

当建筑物上部结构采用墙体承重时，基础沿墙身设置，多做成连续的长条形状，这种基础称为条形基础，如图 4-7 所示。

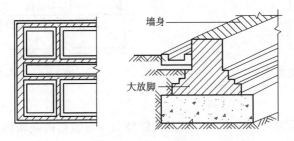

图 4-7　条形基础

2. 独立基础

当建筑物上部采用柱承重时，常采用单独基础，这种基础称为独立基础。独立基础的形状有阶梯形、锥形和杯形等，如图 4-8 所示。

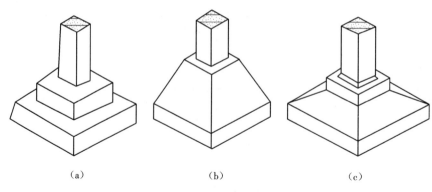

图 4-8　独立基础

（a）阶梯形基础；（b）锥形基础；（c）杯形基础

3. 桩基础

当建筑物荷载较大，地基软弱土层的厚度在 5 m 以上时，基础不能埋在软弱土层内，或对软弱土层进行人工处理比较困难或不经济时，通常采用桩基础。桩基础一般由设置在土中的桩和承接上部结构的承台组成，如图 4-9 所示。

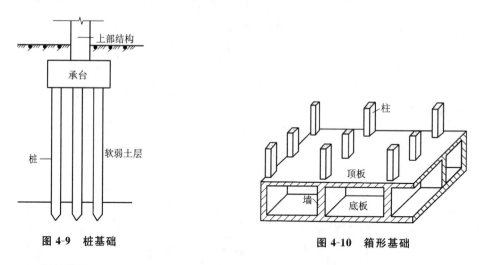

图 4-9　桩基础　　　　　　　　**图 4-10　箱形基础**

4. 箱形基础

箱形基础是由钢筋混凝土底板、顶板、侧墙和一定数量内隔墙构成的封闭箱形结构，如图 4-10 所示。该基础具有相当大的整体性和空间刚度，能抵抗地基的不均匀沉降并具有良好的抗震作用，是有人防、抗震及地下室要求的高层建筑的理想基础形式之一。

5. 筏形基础

当建筑物地基条件较弱或上部结构荷载较大时，条形基础或箱形基础已经不能满足建筑物的要求，常将基础底面进一步扩大，连成一块整体的基础板，形成筏形基础,如图 4-11 所示。

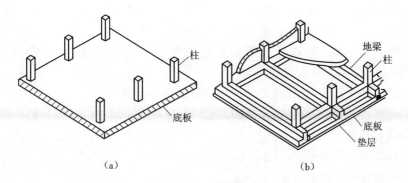

图 4-11　筏形基础

（a）平板式基础；（b）梁板式基础

4.3.2　基础平面图

1.基础平面图的形成

建筑物基础平面图是假想用一个水平剖切面沿室内地面以下的位置将房屋全部剖开,移去上部的房屋结构及其周围的泥土,从上向下投影得到的水平正投影图。如图 4-12 所示。它主要表示基础的平面布置以及墙、柱与轴线的位置关系,为施工放线、开挖基槽或基坑和砌筑基础提供依据。

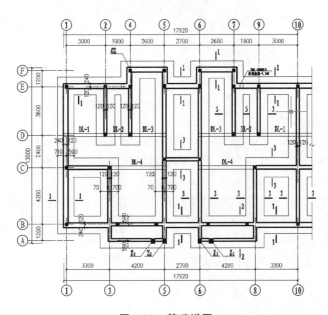

图 4-12　基础详图

2.基础平面图的图示内容

基础平面图主要表示基础墙、柱、预留洞及构件布置等平面位置关系,主要包括以下内容。

(1)图名、比例。基础平面图的比例应与对应建筑平面图一致,常用比例为 1:100、1:200。

(2)定位轴线及编号、轴线尺寸应与对应建筑平面图一致。

(3)基础墙、柱的平面布置。基础平面图应反映基础墙、柱、基础底面形状、大小及其基础与轴线的尺寸关系。

(4)基础梁的位置、代号。

(5)基础构件配筋。

(6)基础编号、基础断面图的剖切位置线及其编号。

(7)施工说明。用文字说明地基承载力及所用材料的强度等级等。

不同的基础类型,基础平面图的内容不尽相同,但目的都是表达基础的平面布置和位置。

3.基础平面图的图示方法

(1)在基础平面图中,只需画出基础墙(或柱)、基础梁以及基础底面的轮廓线。基础细部的轮廓线通常省略不画。

(2)基础墙、基础梁的轮廓线为粗实线,基础底面的轮廓线为细实线,柱子的断面一般涂黑,各种管线及出入口处的预留孔洞用虚线表示。

(3)断面剖切符号。凡基础截面形状、尺寸不同时,即基础宽度、墙体厚度、基底标高等不同,均标有不同的断面剖切符号,表示画有不同的基础详图。根据断面剖切符号的编号可以查阅基础详图。

4.3.3　基础详图

1.基础详图的形成

基础平面图只表明了建筑基础的平面布置,而基础各部分的细部尺寸、截面形式与大小、材料做法、配筋、构造以及基础的埋置深度等都没有表达出来,必须阅读基础断面详图。

基础断面详图是假想用一个垂直的剖切面在指定的位置剖切基础所得到的断面图。基础详图是用较大的比例(如 1:20)画出的基础局部构造图,如图 4-13。

2.基础详图的图示内容

基础详图主要包括以下内容。

(1)图名、比例。

(2)定位轴线及其编号。

(3)基础断面的形状及详细尺寸。

(4)室内外地面标高及基础底面的标高。

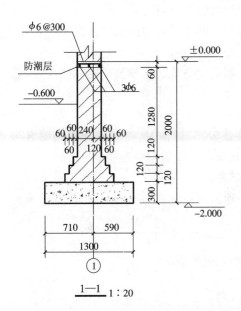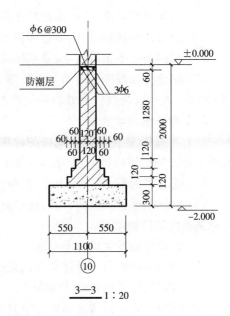

图 4-13　基础详图

（5）基础墙的厚度、防潮层、圈梁的位置和做法。

（6）基础梁的尺寸及配筋。

（7）基础及垫层的材料、强度等级、配筋及布置。

（8）施工说明等。

3. 基础详图的图示方法

不同构造的基础应分别画出其详图。当基础构造相同仅部分尺寸不同时，也可用一个详图表示，但需标出不同部分的尺寸。基础断面图的轮廓线一般用粗实线画出，断面内应画出材料图例；若是钢筋混凝土基础，则只画出配筋情况，不画出材料图例。

4.3.4　基础图的识读

阅读基础图，首先看基础平面图，再看基础详图。

1. 基础平面图识读步骤

阅读基础平面图时，要看基础平面图与建筑平面图的定位轴线是否一致，注意了解墙厚、基础宽、预留洞的位置及尺寸、剖面及剖面的位置等。

（1）看图名、比例。

（2）校核基础平面图的定位轴线。基础平面图与建筑平面图的定位轴线二者必须一致。

（3）根据基础的平面布置，明确结构构件的种类、位置、代号。

（4）基础墙的厚度、柱的截面尺寸及它们与轴线的位置关系。

（5）查看断面剖切符号，通过阅读剖切符号明确基础详图的剖切位置及编号。

（6）阅读基础施工说明，明确基础的施工要求、用料。

（7）结合阅读基础平面图与设备施工图，明确设备管线穿越基础的准确位置，洞口的形状、大小以及洞口上方的过梁要求。

2. 基础详图识读步骤

（1）看图名、比例。由于基础的种类往往比较多，读图时，将基础详图的图名与基础平面图的剖切符号、定位轴线对照，了解该基础在建筑物中的位置。

（2）看基础的断面形状、大小、材料以及配筋。

（3）阅读基础各部位的标高，通过室内外地面标高及基础底面标高，可以计算出基础的高度和埋置深度。

（4）看垫层的厚度尺寸与材料。

（5）看基础断面图中基础梁或圈梁的尺寸及配筋情况。

（6）看管线穿越洞口的详细做法。

（7）看防潮层的位置及做法。了解防潮层与正负零之间的距离及其所用材料。

（8）阅读施工说明，了解对基础施工的要求。

4.3.5　基础图的识读举例

如图 4-12 所示为某住宅楼的基础平面图，基础类型为条形基础。轴线两侧的中实线是基础墙线，细线是基础底边线及基础梁（也称地梁）边线。以轴线①为例，了解基础墙、基础底面与轴线的定位关系。①轴的墙为外墙，宽度为 360 mm，墙的左右边线到①轴的距离分别为 240、120，轴线不居中。基础左、右边线到①轴的宽度为710、590，基础总宽为 1300 mm，即 1.3 m。其他基础墙的宽度、基础宽度及轴线的定位关系均可以从图中了解。此房屋的基础宽度有三种：1300、1200、2380。

从平面图可以看到基础上标有剖断符号，分别为 1—1、2—2、3—3，说明该建筑的条形基础共有 3 种不同的基础断面图，有三个基础详图。

基础的断面形状、尺寸、材料与埋置深度相同的区段，用同一断面图表示。对于每一种不同的基础，都要画出它的断面图，并在基础平面图上相应位置注写剖切符号，表明断面的位置。图 4-13 给出了 1—1、3—3 详图，其中的 1—1 断面图是外墙的基础详图，图中显示该条形基础为砖基础，基础垫层为素混凝土，垫层宽 1300 mm，高 300 mm，其上面是大放脚，每层高 120 mm，宽均为 60 mm，室外设计地平标高－0.600，基础底面标高－2.000，基础墙在±0.000 标高处设有一道钢筋混凝土防潮层，厚 60 mm，纵向钢筋的配置为 3 根直径为 6 mm 的Ⅰ级钢筋（HPB300），箍筋为直径 6 mm 的Ⅰ级钢筋（HPB300），间距为 300 mm，它的作用是防止地下的潮气向上侵蚀墙体。3—3 断面图为一内墙的基础详图，宽度为 1000，墙宽为 240 mm，轴线居中。

4.4　建筑结构平面图

结构平面布置图是表示建筑各层承重结构布置的图样,由结构平面布置、节点详图以及构件统计表及必要的文字说明等组成。多层民用建筑的平面结构布置图分为楼层结构布置图和屋面结构平面布置图。当各楼层的结构构件或其布置相同时,绘图时只需绘制一层,称为标准层,其他楼层与此相同;当各层的结构构件或布置不同时,应分层绘制。

4.4.1　楼层结构平面图

1.楼层结构平面图的形成与用途

楼层结构平面布置图是假想用剖切平面沿楼板面水平切开所得的水平剖面图,用直接正投影法绘制。

楼层结构平面布置图表示各楼层结构构件(如梁、板、柱、墙等)的平面布置情况以及现浇混凝土构件构造尺寸与配筋情况的图纸,是建筑结构施工时构件布置、安装的重要依据。

2.楼层结构平面图的图示内容

以现浇板施工图为例,介绍楼层结构平面图。

(1)图名和比例,比例一般采用1:100,也可用1:200。

(2)定位轴线及其编号、间距尺寸。

(3)承重墙和柱子(包括构造柱)。

(4)现浇板的厚度和标高。

(5)板的配筋情况。对于现浇板部分,画出板的钢筋详图,表示受力筋的形状和配置情况,并注明其编号、规格、直径、间距或数量等。每种规格的钢筋只画一根,按其立面形状画在钢筋安放的位置上。

(6)梁的定位、截面尺寸及配筋。

(7)楼梯洞口。

(8)圈梁。

(9)必要的设计详图或有关说明。

3.楼层结构平面图的图示方法

结构平面图中墙身的可见轮廓用中粗实线表示,被楼板挡住而看不见的墙、柱和梁的轮廓用中虚线表示。按照习惯,也可把楼板下的不可见轮廓线,由虚线改画成细实线,钢筋混凝土柱断面涂黑,梁的中心位置用粗点画线表示。

4.4.2　屋顶结构平面图

屋顶结构平面图是表示屋面承重构件平面布置的图样。在建筑中,为了得到较好的外观效果,屋顶常做成各种的造型,因此屋顶的结构形式有时会与楼板不同,但其图示内容和表达方法与楼层结构平面图基本相同。

4.4.3 现浇板施工图的识读步骤

(1)查看图名、比例。

(2)校核轴线编号及间距尺寸,与建筑平面图的定位轴线必须一致。

(3)阅读结构设计总说明或有关说明,确定现浇板的混凝土强度等级。

(4)明确现浇板的厚度和标高。

(5)明确板的配筋情况,并参阅说明,了解未标注分布筋的情况。

4.4.4 现浇板施工图的识读举例

图 4-14 是某小区综合住宅楼的现浇板施工图,从图中可以了解以下内容。

(1)图 4-14 为现浇板施工图。轴线编号及其尺寸间距与建筑平面图、基础平面图布置图一致。

由结构设计总说明,可知板的混凝土强度等级为 C30,钢筋为 HPB300、HRB335。未注明的板厚均为 120 mm。板顶标高为 3.850 m。

(2)以 A 单元左侧房间板块为例说明如下:

① 底层钢筋:横向、纵向受力钢筋都为Φ10@200,是 HPB300 级钢筋,故末端做成 180°弯钩。

② 顶层钢筋:横向、纵向受力钢筋都为Φ10@200,是 HPB300 级钢筋,末端做成向下 90°直钩。

③ 与梁交接处设置负筋(俗称扣筋和上铁)为Φ8@200,伸出梁轴线外 1100 mm,末端做向下 90°直钩顶在板底。

④ 板中未注明的分布钢筋均为Φ8@200。

4.4.5 平面整体表示法

建筑结构施工图平面整体表示方法对我国混凝土结构施工图的设计表示方法作了重大改革,被国家科委列为《"九五"国家级科技成果重点推广计划》。平面整体表示法简称"平法",是把结构构件的尺寸和配筋等按照平面整体表示方法制图规则,整体直接表达在各类构件的结构平面布置图上,再与标准构造详图配合,即构成一套新型完整的结构设计图样。这种方法改变了传统的那种将构件从结构平面布置图中索引出来,再逐个绘制配筋详图的烦琐方法。这种表示方法已经在设计和施工单位广泛使用。

在钢筋混凝土结构施工图中表达的构件常为柱、墙、梁三种构件,所以平面整体表示法包括柱平法施工图表示法、剪力墙平法施工图表示法、梁平法施工图表示法。

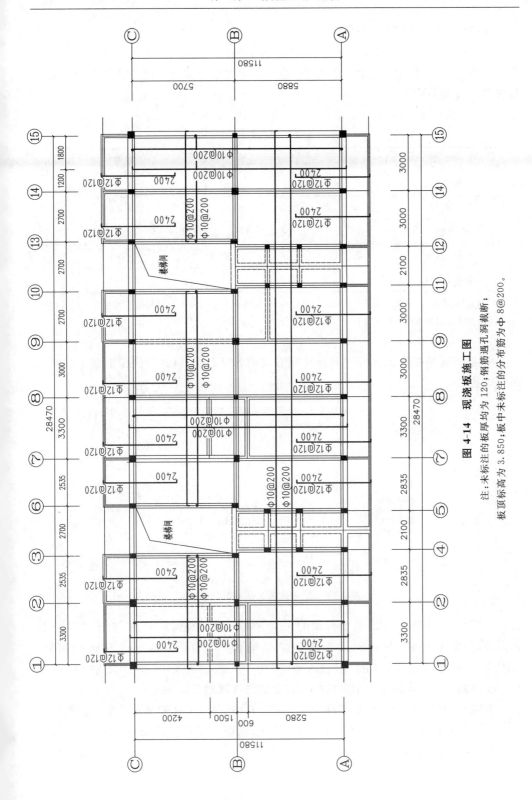

图 4-14　现浇板施工图

注：未标注的板厚均为 120；钢筋遇孔洞截断；
板顶标高为 3.850；板中未标注的分布筋为 Φ8@200。

1.柱平法施工图制图规则

柱平法施工图是在柱平面布置图上采用列表注写方式或截面注写方式表达。柱平面布置图,可采用适当比例单独绘制,也可与剪力墙平面布置图合并绘制。柱的编号应符合表 4-8 规定。

表 4-8　柱编号

柱类型	代号	序号
框架柱	KZ	××
框支柱	KZZ	××
芯柱	XZ	××
梁上柱	LZ	××
剪力墙上柱	QZ	××

注:编号时,当柱的总高、分段截面尺寸和配筋均对应相同,仅截面与轴线关系不用时仍可编为同一柱号,但应在图中注明截面与轴线的关系。

图 4-15 是柱的平法标注中截面注写方式的典型事例,以此为例说明柱平法施工图的读法。

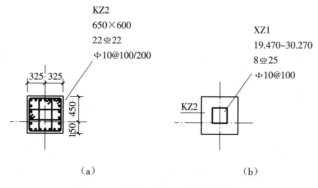

图 4-15　柱平法施工图注写方式

在图 4-15(a)中,KZ2:框架柱 2 号;650×600:柱的截面尺寸,长 650、宽 600 的矩形柱(如果是圆柱,这一行改为直径数字前加"d"表示);22 Φ 22:纵向钢筋,HRB400 钢筋,直径 22 mm,22 根;Φ 10 @ 100/200:箍筋,HPB300 钢筋,直径 10 mm,加密区(支座附近)间距 100 mm、非加密区间距 200 mm。

在图 4-15(b)中,KZ2:框架柱 2 号;XZ1:芯柱 1 号,芯柱就是在框架柱截面中三分之一左右的核心部位配置附加纵向钢筋及箍筋而形成的内部加强区域;19.470~30.270:起止高度,即 1 号芯柱起于 19.470 m,止于 30.270 m;8 Φ 25:纵向钢筋,

HRB400 钢筋,直径 25 mm,8 根;Φ 10@100,箍筋,HPB300 钢筋,直径 10 mm,间距 100 mm。

　　图 4-15(a)、(b)表示的都是 2 号框架柱的配筋,(a)表示的是框架柱平面,(b)表示的是芯柱。

2.剪力墙平法施工图制图规则

　　剪力墙平法施工图是在剪力墙平面布置图上采用列表注写方式或截面注写方式表达。剪力墙平面布置图,可采用适当比例单独绘制,也可与柱或梁平面布置图合并绘制。《国家建筑标准设计图集》(11G101—1)规定:将剪力墙按剪力墙柱、剪力墙身、剪力梁柱(简称为墙柱、墙身、梁柱)三类构件分别编号。编号应符合表 4-9 和表 4-10 规定。

表 4-9　墙柱编号

墙柱类型	代号	序号
约束边缘构件	YBZ	××
构造边缘构件	GBZ	××
非边缘暗柱	AZ	××
扶壁柱	FBZ	××

表 4-10　墙梁编号

墙梁类型	代号	序号
连梁	LL	××
连梁(对角暗撑配筋)	LL(JC)	××
连梁(交叉斜筋配筋)	LL(JX)	××
连梁(集中对角斜筋配筋)	LL(DX)	××

3.梁平法施工图制图规则

　　梁平法施工图是在梁平面布置图上采用列表注写方式或截面注写方式表达。梁平面布置图,应分别按照不同结构层(标准层),将全部梁和与其相关联的柱、墙、板一起采用适当比例绘制,并注明各结构层的顶面标高及相应的结构层号。梁的编号应符合表 4-11 规定。

表 4-11　梁编号

梁类型	代号	序号	跨数及是否带悬挑
楼层框架梁	KL	××	(××)、(××A)或
屋面框架梁	WKL	××	(××)、(××A)或(××B)
框支梁	KZL	××	(××)、(××A)或(××B)
非框架梁	L	××	(××)、(××A)或(××B)
悬挑梁	XL	××	
井字梁	JZL	×	(××)、(××A)或(××B)

注:(××A)为一端有悬挑,(××B)为两端有悬挑,悬挑不计入跨数。如 KL9(5 A)表示第 9 号框架梁,5 跨,一端有悬挑。

　　平面书写包括集中标注与原位标注,集中标注表达梁的通用数值,原位标注表达梁的特殊数值,当集中标注中的某项数值不适用于梁的某部位时,则将该项数值原位标注,施工时,原位标注取值优先。

　　图 4-16 是典型的梁平法标注图,细线引出的是集中标注,在虚线表示的梁两侧的是原位标注,梁上侧注写的是梁上表面的钢筋,下侧注写的是梁下表面的钢筋。图中矩形表示柱,虚线表示梁(因为梁在板下,从上向下投影时,梁是不可见的,所以用虚线表示),对于梁来说,柱是梁的支座。

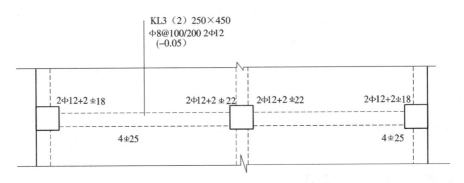

图 4-16　钢筋混凝土梁平法注写方式

　　图 4-16 集中标注中,KL3(2) 250×450:3 号框架梁,2 跨,断面尺寸 250×450;Φ8@100/200 2Φ12:箍筋为 HPB300 钢筋,加密区(支座附近)间距 100,非加密区间距 200,上部配置贯通钢筋,HPB300 钢筋,直径 12,2 根;(−0.05):梁顶面标高比楼层结构标高底 0.05 m。原位标注中,2Φ12+2⊕18 表示支座处在梁的上部除了贯通钢筋 2Φ12 外,还增加了 2⊕18 钢筋;2Φ12+2⊕22 表示支座处在梁的上部除了贯通钢筋 2Φ12 外,还增加了 2⊕22 钢筋;4⊕25:梁下部的纵向受力钢筋,HRB335 钢筋,直径 25,4 根。

更多关于梁平法标注的读法详见第 6 章及书后插页。

4.5 楼梯结构详图的识读

楼梯结构详图包括楼梯结构平面图、楼梯剖面图和配筋图。本节以前述某小区综合住宅楼的楼梯结构详图为例,说明楼梯结构详图的图示内容和图示方法。

4.5.1 楼梯结构平面图

1. 楼梯结构平面图的形成

楼梯结构平面图是假想用一水平剖切平面在一层的梯梁顶面处剖切楼梯,向下做水平投影绘制而成的。

2. 楼梯结构平面图的图示内容

(1)楼梯结构平面图表示了楼梯板、梯梁的平面布置、代号、结构标高及其他构件的位置关系。一般包括底层平面图、标准层平面图和顶层平面图,常用 1:50 的比例绘制。楼梯结构平面图和楼层结构平面图一样,都是水平剖面图,只是水平剖切位置不同。通常把剖切位置选择在每层楼层平台的楼梯梁顶面,以表示平台、梯段和楼梯梁的结构布置。

(2)楼梯结构平面图中对各承重构件,如楼梯梁(TL)、楼梯板(TB)、平台板等进行了标注,梯段的长度标注采用"踏面宽×(步级数-1)=梯段长度"的方式。楼梯结构平面图的轴线编号应与建筑施工图一致,剖切符号一般只在底层楼梯结构平面图中表示。

3. 楼梯结构平面图的图示方法

(1)剖切到的墙体轮廓线用粗实线表示。

(2)楼梯的梁、板的可见轮廓线用中实线表示。

(3)不可见的用虚线表示。

(4)墙上的门窗洞不在楼梯结构布置图中绘制。

4.5.2 楼梯结构剖面图及楼梯板的配筋图

1. 楼梯结构剖面图的形成

楼梯结构剖面图表示楼梯承重构件的垂直分布、构造和连接情况,比例与楼梯结构平面图相同。如图 4-17 所示的 1—1 剖面图,剖切位置和剖视方向表示在底层楼梯结构平面图中。楼梯结构剖面图绘制出了所有梯段板、平台板、平台梁以及楼梯间两侧墙体上的梁和门窗的投影,并且进行了标注。

2. 楼梯结构剖面图的图示内容

在楼梯结构剖面图中,应标注出梯段的外形尺寸、楼层高度和楼梯平台的结构标高。绘制楼梯结构剖面图时,由于选用的比例较小(1:50),不能详细地表示楼梯板和

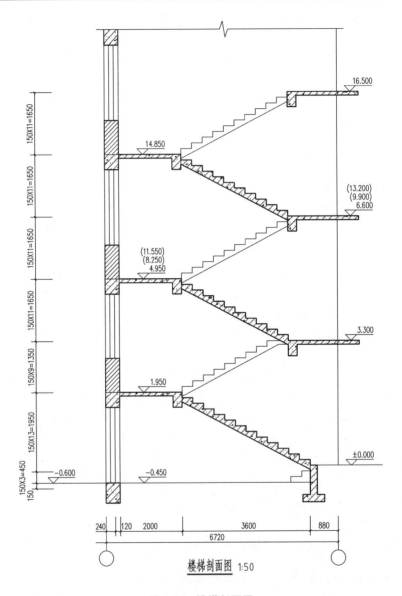

楼梯剖面图 1:50

图 4-17　楼梯剖面图

楼梯梁的配筋,需另外用较大的比例(如 1:30、1:25、1:20)画出楼梯的配筋图。楼梯配筋图主要由楼梯板和楼梯梁的配筋断面图组成。此外,楼梯结构剖面图上还绘制出了最外面的两条定位轴线及其编号,并标注了两条定位轴线间的距离。

3. 楼梯结构剖面图的图示方法

剖切到的梯段板、楼梯平台、楼梯梁的轮廓线用粗实线画出。由于楼梯平台板的配筋已在楼梯结构平面图中画出,所以在楼梯板配筋图中楼梯梁和平台板的配筋不再画出,图中只要画出与楼梯板相连的楼梯梁、一段楼梯平台的外形线(细实线)就可以了。

4.5.3　楼梯详图的识读举例

1. 楼梯板详图

楼梯板详图主要用来反映楼梯板配筋的具体情况,如图 4-18 所示。由于楼梯板是倾斜的,板又薄,配筋较密集,因而楼梯板详图多采用较大比例,一般为 1:20 或 1:30。楼梯板两端支撑在梯梁上,从楼梯结构平面图和剖面图可知,根据型式、跨度和高差的不同,楼梯板分为 3 种,如 TB1、TB2 和 TB3,均应单独绘制配筋详图。

TB1:板倾斜段下部受力钢筋为 Φ12@200 伸入楼梯梁内的长度≥5d,下部的分布钢筋为 Φ8@200,上部受力钢筋伸出梯梁的水平投影长度为 1/4 的净跨,末端做成 90°直钩,顶在模板上,另一端进入梯梁内不小于锚固长度 f0,并沿梁侧边弯下。

TB1 与 TB2、TB3 只是跨度和高差的不同,其余均相同。

2. 平台板详图

平台板上表面为建筑标高,与梯梁同标高,两端支撑在墙和梯梁上。由图 4-18 可知,本工程平台板厚度为 100 mm,底部短跨受力钢筋为 Φ8@150,上部受力钢筋为 Φ8@150。

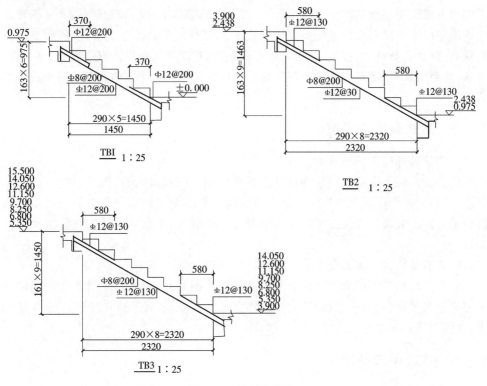

图 4-18　楼梯板详图

第5章　建筑装饰施工图识读

5.1　概述

5.1.1　建筑装饰施工

装饰施工是建筑施工的延续,装饰设计是建筑设计的一部分,它们的共同点是为人们的生活和工作创造和谐、舒适的环境,区别只是施工的时间、材料与工艺上的差异。装饰施工通常是在建筑主体结构完成后(或者是经使用一段时期后由于生活需求的提高或使用功能的改变)才进行的。过去建筑装修的做法较为简单,通常在建筑施工图中以文字说明或简单的节点详图表示。随着人们的经济水平、生活质量的不断提高,以及新材料、新技术、新工艺的不断发展,建筑施工图已难以兼容复杂的装修要求,从而出现了"建筑装饰施工图"(简称装饰图),以表达丰富的造型构思和施工工艺等。

5.1.2　建筑装饰施工图

1.建筑装饰施工图的概念

装饰工程施工图是按照装饰设计方案确定的空间尺度、构造做法、材料选用、施工工艺等,并遵照建筑及装饰设计规范所规定的要求编制的用于指导装饰施工生产的技术文件。装饰工程施工图同时也是进行造价管理、工程监理等工作的主要技术文件。

2.建筑装饰施工图的分类

装饰工程施工图按施工范围分室内装饰施工图和室外装饰施工图;室内装饰施工图又分为平面布置图、顶棚平面图、装饰立面图、装饰剖面图和节点详图,也包括排水、电气、消防、暖通等专业施工图。

5.1.3　建筑装饰设计

1.设计程序

建筑装饰设计通常是在建筑设计的基础上进行的,由于设计深度的不同、构造做法的细化为满足使用功能和视觉效果而选用材料的多样性等,在制图和识图上装饰工程施工图有其自身的规律,如图样的组成、施工工艺及细部做法的表达等都与建筑工程施工图有所不同。

2.设计阶段

装饰方案设计和施工图设计两个阶段。

(1) 装饰方案设计的说明。

方案设计阶段是根据使用者的要求、现场情况,以及有关规范、设计原则等,以平面布置图、立面布置图、透视图、尺寸、文字说明等形式,将方案设计表达出来。经修改补充,取得较合理的方案后,报有关主管部门审批,再进入施工图阶段。装修施工图一般包括图纸目录、装修施工工艺说明、平面布置图、楼地面装修平面图、天花平面图、墙柱装修立面图、装修细部结构的节点详图等内容。

(2) 装饰工程施工图组成。

装饰工程施工图一般由装饰设计说明、平面布置图、楼地面平面图、顶棚平面图、室内立面图、墙(柱)面装饰剖面图、装饰详图等图样组成,其中设计说明、平面布置图、楼地面平面图、顶棚平面图、室内立面图为基本图样,表明装饰工程内容的基本要求和主要做法;墙(柱)面装饰剖面图、装饰详图为装饰施工的详细图样,用于表明细部尺寸、凹凸变化、工艺做法等。图纸的编排也按照上述顺序排列。

5.1.4　建筑装饰施工图的特点和作用

装饰施工图与建筑施工图的图示方法、尺寸标注、图例代号等基本相同。因此,其制图与表达应遵守现行建筑制图标准的规定。装饰施工图是在建筑施工图的基础上,结合环境艺术设计的要求,更详细地表达了建筑空间的装饰做法及整体效果,反映了墙、地、顶棚三个界面的装饰结构、造型处理和装修做法。

5.1.5　建筑装饰施工图的识读

读图时应按照下列顺序进行。

(1)平面布置图—顶棚平面图—立面图—大样详图—构造剖视图。

(2)读图重点内容是:方位布局、造型样式及其尺寸、用材、构造做法。

(3)此外,读图时应注意把握图间索引、视图方向,熟悉图例,看清说明。

5.2　平面布置图

5.2.1　平面布置图的概念

平面布置图是从建筑功能分区、装饰艺术创新及个性的角度出发,提出对室内空间的合理利用,明确各组成部分内陈设、家具、灯饰、绿化和设备等的摆放位置和要求的图样。

5.2.2　平面布置图的分类

（1）家具布置图。应标注所有可移动的家具和隔断的位置、布置方向、柜门或橱门开启方向，同时还应能确定家具上摆放物品的位置，如电话、电脑、台灯、各种电器等。标注定位尺寸和其他一些必要尺寸。

（2）卫生洁具布置图。此图在规模较小的装饰设计中可以与家具布置图合并。一般情况下应标明所有洁具、洗涤池、上下水立管、排污孔、地漏、地沟的位置，并注明排水方向、定位尺寸和其他必要尺寸。

（3）绿化布置图。此图在规模较小的装饰设计中可以与家具布置图合并，规模较大的装饰设计可按建设方需要，另请专业单位出图。一般情况下应确定盆景、绿化、草坪、假山、喷泉等位置，注明绿化品种、定位尺寸和其他必要尺寸。

（4）电气设施布置图。一般情况下可省略，如需绘制，则应标明地面和墙面上的电源插座、通信和电视信号插孔、开关、固定的地灯和壁灯、暗藏灯具等的位置，并标注必要的材料和产品编号或型号、定位尺寸。

（5）防火布置图。应注明防火分区、消防通道、消防监控中心、防火门、消防前室、消防电样、疏散楼梯、防火卷帘、消火栓、消防按钮、消防报警等的位置，标注必要的材料和设备编号或型号、定位尺寸和其他必要尺寸。

（6）如果楼层平面较大，可就一些房间和部位的平面布置单独绘制局部放大图，同样也应符合以上规定，如图 5-1 所示。

5.2.3　平面布置图的内容及标注

建筑主体结构，如墙、柱、窗洞口的位置、台阶、门的开启方式等。

各功能空间（如客厅、餐厅、主卧等）的家具，如沙发、餐桌、餐椅、酒柜、地柜、衣柜、梳妆柜、床头柜、书柜、书桌、床等的形状、位置。

厨房、卫生间的厨柜、操作台、洗手台、浴缸、坐便器等的形状、位置。

家电（如空调机、电冰箱、洗衣机、电视机、电风扇、落地灯等）的形状、位置。

隔断、绿化、装饰构件、装饰小品等的布置以及台阶、坡道、楼梯、电梯的形式及地平标高等的变化。

标注建筑主体结构的开间和进深等尺寸、主要的装修尺寸。

装修要求等文字说明如图 5-2 所示。

5.2.4　平面布置图的识读

平面布置图是假想用一水平的剖切平面，沿需装饰的房间的门窗洞口处作水平全剖切，移去上面部分，对剩下部分所做的水平正投影图。

平面布置图的比例一般采用 1:100、1:50，内容比较少时采用 1:200。

图上尺寸内容有三种：一是建筑结构体的尺寸，二是装饰布局和装饰结构的尺

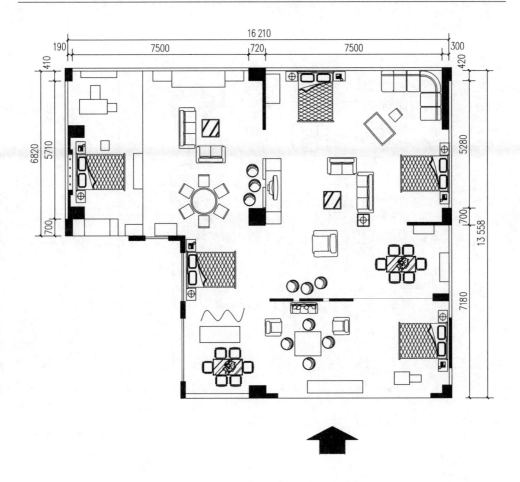

家具平面布置图 1:100

图 5-1　家居平面布置图

寸,三是家具、设备等尺寸。

表明装饰结构的平面布置、具体形状及尺寸,表明饰面的材料和工艺要求。

室内家具、设备、陈设、织物、绿化的摆放位置及说明。

表明门窗的开启方式及尺寸。

描粗整理图线,其中建筑结构部分仍按建筑制图的要求,如墙、柱用粗实线表示,门窗、楼梯等用中实线表示;装修轮廓线如隔断、家具、洁具、电器等主要轮廓线用中实线表示;地面拼花等次要轮廓线用细实线表示。

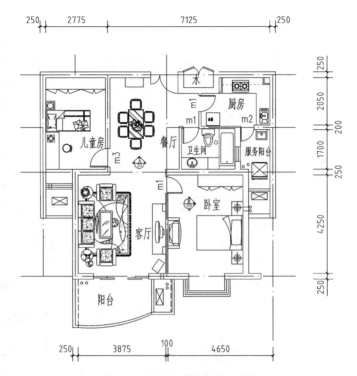

图5-2　平面布置图标注示意图

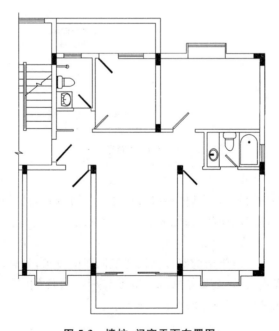

图5-3　墙柱、门窗平面布置图

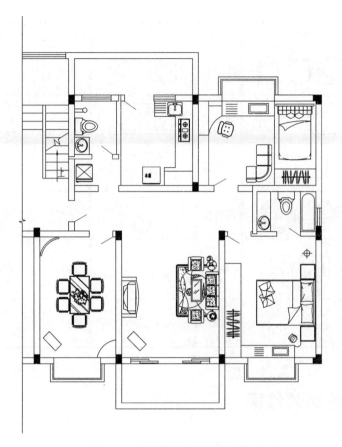

图 5-4   建筑构配件平面布置图

5.2.5   平面布置图常用图例

平面布置图中常用的图例如表 5-1 所示。

表 5-1   常用图例表

名称	图例	名称	图例	名称	图例
双人床		浴盆		灶具	
单人床		蹲便器		洗衣机	
沙发		坐便器		空调器	ACU

续表

名称	图例	名称	图例	名称	图例
凳、椅		洗手盆		吊扇	
桌、茶几		洗菜盆		电视机	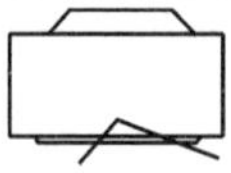
地毯	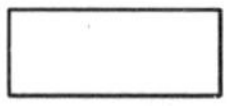	拖布池		台灯	
花卉、树木	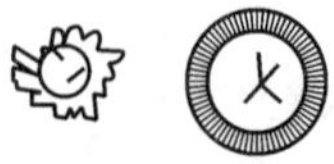	淋浴器	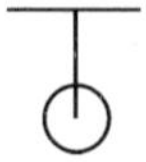	吊灯	
衣橱	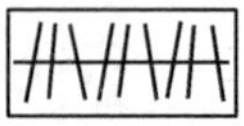	地漏	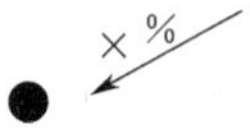 ×%	吸顶灯	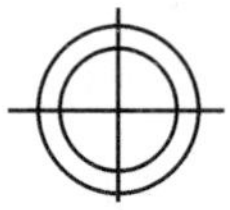
吊柜	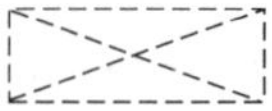	帷幔		壁灯	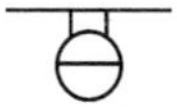

5.3 楼地面装修图

5.3.1 楼地面的概念

楼地面是楼面、地面的简称,分别为楼层与地层的面层,是日常生活、工作和生产时必须接触的部分。它们的构造要求和做法基本相同,对室内装修而言,又统称为地面。

5.3.2 楼地面的分类

1. 整体浇筑地面

整体浇筑地面是指在现场用浇筑的方法做成的整片地面。常见的有水泥砂浆地面、细石混凝土地面和水磨石地面如图 5-5 所示。

2. 板块地面

板块地面是利用各种预制块材或板材镶铺在基层上的地面。按材料分有陶瓷板块地面、石板地面和木地面,如图 5-6 所示。

3. 卷材地面

常见的卷材地面有塑料地板地面、橡胶地毡地面和地毯地面。

4. 涂料地面

涂料地面是用涂料在水泥砂浆或混凝土地面的表面上涂刷或涂刮而成的地面。

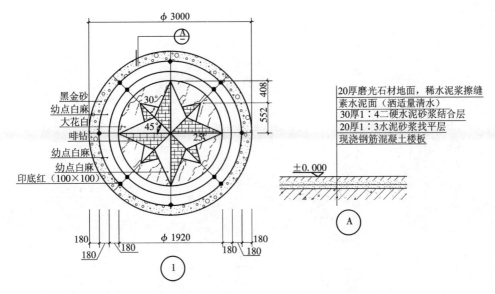

图 5-5　磨光石材地面示意图

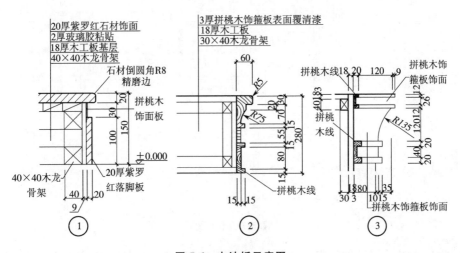

图 5-6　木地板示意图

目前常用的人工合成高分子涂料是由合成树脂代替水泥或部分代替水泥,再加入填料、颜料等拌和而成,经现场涂布施工,硬化后形成整体的涂料地面。涂料地面易于清洁、施工方便、造价较低,有一定的耐磨性、韧性和防水性能。

5.3.3　装饰平面图

建筑平面图是装饰平面设计的基础和依据,在表示方法上,与装饰平面图既有区别又有联系。建筑设计的平面图主要表明室内各房间的位置,表现室内空间中的交通关系等,如图 5-7 所示。

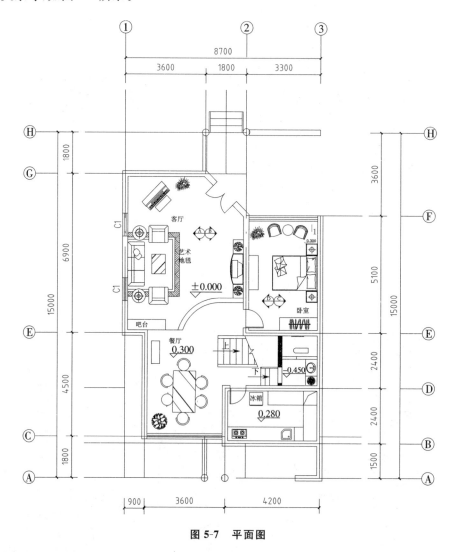

图 5-7　平面图

楼地面是使用最为频繁的部位,而且根据使用功能的不同,对材料的选择、工艺的要求、地面的高差等都有着不同的要求,如图 5-8 所示。

在建筑的平面图中一般不表示详细的家具、陈设、铺地的布置,而室内装饰平面图中必须表现上述物体的位置、大小。在装饰工程施工图的平面图中还需标注有关设施的定位尺寸,这些尺寸主要包括固定隔断、固定家具之间的距离,有的还需标注铺地、家具、景观小品等尺寸。在整套装饰工程图样中,应有表示各局部索引的索引符号,它对查找、阅读局部图样起着"导航"作用。

装饰平面图的图名应标写在图样的下方。当装饰设计的对象为多层建筑时,可按其所表明的楼层层数来称呼,如一层装饰平面图、二层装饰平面图等。若只需反映平面中的局部空间,可用空间的名称来标注,如客厅平面图、主卧室平面图等。对于多层相同内容的楼层平面,可只绘制一个平面图,在图名上标注出"标准层平面图"或"某某层平面图"即可。在标注各平面房间或区域的功能时,可用文字直接在平面图中注出。在平面图中,地坪高差以标高符号注明。地坪面层装饰的做法一般可在平面图中用图形和文字表示,为了使地面装修用材更加清晰明确,画施工图时也可单独绘制一张地面铺装平面图,也称铺地图,在图中详细注明地面所用材料品种、规格、色彩,如图 5-8 所示。

对于有特殊造型或图形复杂而有必要时,可绘制地面局部详图,如图 5-9 所示。

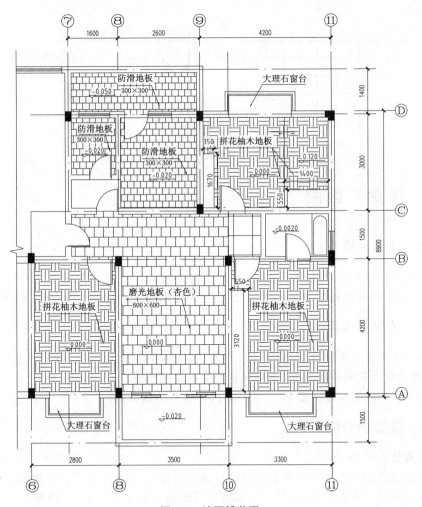

图 5-8　地面铺装图

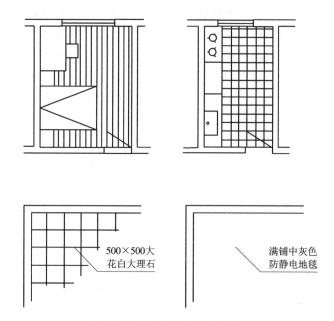

500×500大
花白大理石

满铺中灰色
防静电地毯

图 5-9 楼地面表示方法示意图

5.4 顶棚平面图

5.4.1 顶棚的概念

室内空间上部的结构层或装修层,为室内美观及保温隔热的需要,多数设顶棚(吊顶),把屋面的结构层隐蔽起来,以满足室内使用要求,又称天花、天棚、平顶。

5.4.2 顶棚的作用

(1)增强室内装饰效果,给人以美的享受。顶棚的造型、高低、灯光布置和色彩处理,都会使人们对空间视觉、音质环境产生不同的感受。

(2)满足使用功能的要求,隐藏与室内环境不协调因素。

5.4.3 顶棚的分类

1. 直接式顶棚

直接式顶棚是指直接在楼板底面进行抹灰或粉刷、粘贴等装饰而形成的顶棚,一般用于装修要求不高的房间,其要求和做法与内墙装修相同。屋顶(或楼板层)的结构下表面直接露于室内空间。现代建筑中有用钢筋混凝土浇成井字梁、网格,或用钢管网架构成结构顶棚,以显示其结构美。

2. 悬吊式顶棚

悬吊式顶棚建成吊顶,它是为了对一些楼板底面极不平整或在楼板底敷设管线的房间加以修饰美化,或满足较高隔声要求而在楼板下部空间所做的装修。

在屋顶(或楼板层)结构下,另吊挂一顶棚,称吊顶棚简称吊顶。吊顶棚可减少空调能源消耗,结构层与吊顶棚之间可布置设备管线。

吊顶的类型多种多样,按结构形式可分为以下几种。

(1)整体性吊顶。

是指顶棚面形成一个整体、没有分格的吊顶形式,其龙骨一般为木龙骨或槽型轻钢龙骨,面板用胶合板、石膏板等。也可在龙骨上先钉灰板条或钢丝网,然后用水泥砂浆抹平形成吊顶。

(2)活动式装配吊顶。

是将其面板直接搁在龙骨上,通常与倒 T 型轻钢龙骨配合使用。这种吊顶龙骨外露,形成纵横分格的装饰效果,且施工安装方便,又便于维修,是目前应用推广的一种吊顶形式。

(3)隐蔽式装配吊顶。

指龙骨不外露,饰面板表面平整,整体效果较好的一种吊顶形式。

(4)开敞式吊顶。

通过特定形状的单元体及其组合而成,吊顶的饰面是敞口的,如木格栅吊顶、铝合金格栅吊顶,具有良好的装饰效果,多用于重要房间的局部装饰。

吊顶的外观形式有以下几种。

(1)连片式。将整个吊顶棚做成平直或弯曲的连续体。这种吊顶棚常用于室内面积较小、层高较低,或有较高的清洁卫生和光线反射要求的房间,如一般居室、手术室、小教室、卫生间、洗衣房等。

(2)分层式。在同一室内空间,根据使用要求,将局部吊顶棚降低或升高,构成不同形状的分层小空间,或将吊顶棚从横向、纵向或环向,构成不同的层次,利用错层处来布置灯槽、送风口等设施。分层式吊顶棚适用于大、中型室内空间,如活动室、会堂、餐厅、音乐厅、体育馆等。如 1959 年北京建造的人民大会堂,为 76 m×60 m 的椭圆形吊顶棚,结合声、光、电、空调,形成三层环向波形穹隆的形式。有的音乐厅还做成可活动的分层吊顶棚,根据各种节目演出时对音质的不同要求,调整吊顶棚的反射角和控制室内的高度。

(3)立体式。将整个吊顶棚按一定规律或图形进行分块,安装凹凸较深而具有船形、角锥、箱形外观的预制块材,具有良好的韵律感和节奏感。在布置时可根据要求,嵌入各种灯具、风口、消防喷头等设施,这种吊顶棚对声音具有漫射效果,适用于各种尺度和用途的房间,尤其是大厅和录音室。

(4)悬空式。把杆件、板材或薄片吊挂在结构层下,形成格栅状、井格状或自由状的悬空层。上部的天然光或人工照明,通过悬空层挂件的漫射和光影交错,照度均匀柔和,富有变化,具有良好的深度感。悬空式吊顶棚常用于供娱乐活动用的房间,可以活跃室内空间气氛。在一些有声学要求的房间,如录音棚、体育馆等,还可根据需要,吊挂各种吸声材料。

5.4.4 顶棚平面图

1.顶棚平面图的形成

（1）用一个假想的水平剖切平面，沿需装饰房间的门窗洞口处作水平全剖切，移去下面部分，对剩余的上面部分所做的镜像投影，就是顶棚平面图。

（2）镜像投影是镜面中反射图像的正投影，如图 5-10 所示。

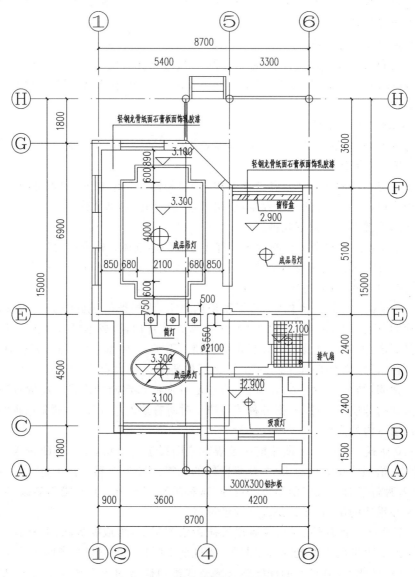

图 5-10　底层顶棚平面图（镜像）

（3）顶棚平面图用于反映房间顶面的形状、装饰做法及所属设备的位置、尺寸等内容。

2.顶棚平面图的基本内容与表示方法

主要表达室内各房间顶棚的造型、构造形式、材料要求，顶棚上设置灯具的位置、数量、规格，以及在顶棚上设置的其他设备的情况等内容。

表明墙柱和门窗洞口位置。

顶棚平面图一般都采用镜像投影法绘制。

顶棚平面图一般不图示门窗及其开启方向线，只图示门窗过梁底面。

表明顶棚装饰造型的平面形式和尺寸，并通过附加文字说明其所用材料、色彩及工艺要求。

顶棚的选级变化应结合造型平面分区线，用标高的形式来表示，由于标注的是顶棚各构件底面的高度，因而标高符号的尖端应向上。

表明顶部灯具的种类、式样、规格、数量及布置形式和安装位置。

顶棚平面图上的小型灯具按比例用一个细实线圆表示，大型灯具可按比例画出它的正投影外形轮廓，力求简明概括，并附加文字说明。

表明空调风口以及顶部消防与音响设备等设施的布置形式与安装位置。

表明墙体顶部有关装饰配件（如窗帘盒、窗帘等）的形式与位置。

表明顶棚剖面构造详图的剖切位置及剖面构造详图的所在位置。作为基本图的装饰剖面图，其剖切符号不在顶棚图上标注。

3.顶棚平面图的识读方法与步骤

首先应弄清楚顶棚平面图与平面布置图各部分的对应关系，核对顶棚平面图与平面布置图在基本结构和尺寸上是否相符。

对于某些有选级变化的顶棚，要分清它的标高尺寸和线型尺寸，并结合造型平面分区线，在平面上建立起三维空间的尺度概念。

第一步，识读图名、比例，根据图名，了解该图的绘制对象。

第二步，了解各房间顶棚的装饰造型式样和尺寸、标高。

第三步，根据文字说明，了解顶棚所用的装饰材料及规格。

第四步，了解灯具式样、规格及位置。

第五步，了解设置在顶棚的其他设备的规格和位置，如图 5-11。

第六步，注意一些符号（如剖面图符号）。

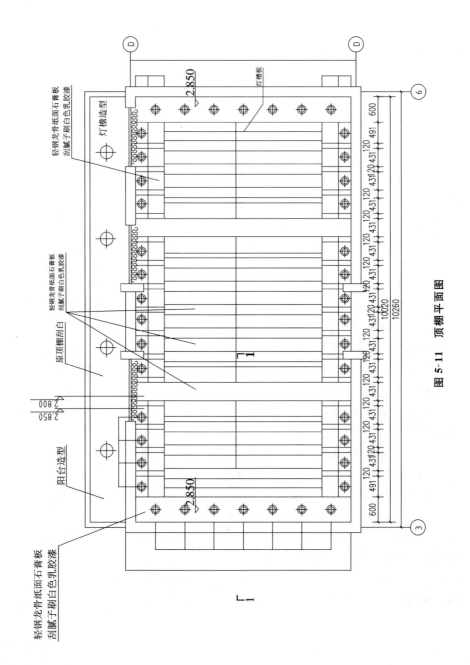

图 5-11 顶棚平面图

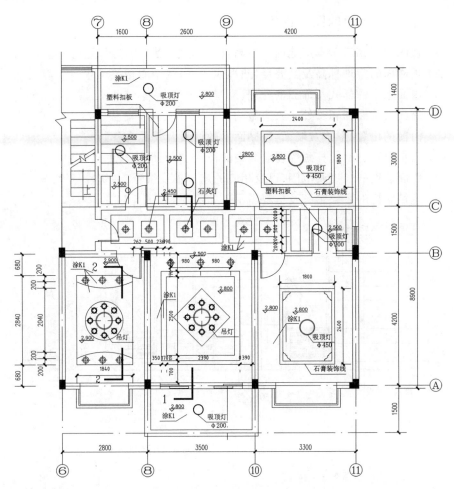

图 5-12　顶棚平面图(镜像)

5.5　室内立面装修图

5.5.1　装饰立面图概念

　　建筑装饰装修立面图一般为室内墙柱面装饰装修图,主要表示建筑主体结构中铅垂立面的装修做法,反映空间高度、墙面材料、造型、色彩、凹凸立体变化及家具尺寸等。

　　图上主要反映墙面的装饰造型、饰面处理,以及剖切到的顶棚的断面形状、投影到的灯具或风管等内容。

　　装饰立面图所用比例一般为 1:100、1:50 或 1:25。室内墙面的装饰立面图一般选用较大比例,如 1:80。

5.5.2　装饰立面图的图示内容

（1）在图中用相对于本层地面的标高，标注地台、踏步等的位置尺寸。

（2）顶棚面的距地标高及其叠级（凸出或凹进）造型的相关尺寸。

（3）墙面造型的样式及饰面的处理。

（4）墙面与顶棚面相交处的收边做法。

（5）门窗的位置、形式及墙面、顶棚面上的灯具及其他设备。

（6）固定家具、壁灯、挂画等在墙面中的位置、立面形式和主要尺寸。

（7）墙面装饰的长度及范围，以及相应的定位轴线符号、剖切符号等。

（8）建筑结构的主要轮廓及材料图示。如图 5-13、图 5-14。

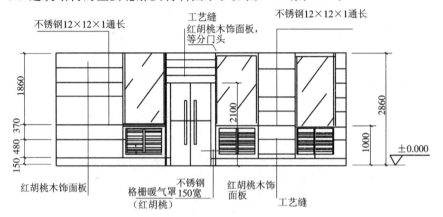

图 5-13　A 向立面图

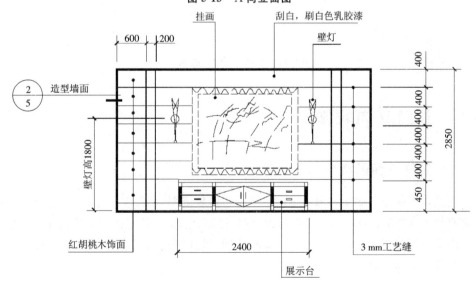

图 5-14　B 向立面图

5.5.3　装饰立面图的图示内容和识读步骤

（1）首先确定要读的室内立面图所在房间位置，按房间顺序识读室内立面图。

（2）在平面布置图中按照内视符号的指向，从中选择要读的室内立面图。

（3）在平面布置图中明确该墙面位置有哪些固定家具和室内陈设等，并注意其定形，定位尺寸。

（4）阅读选定的室内立面图，了解所读立面的装饰形式及其变化。

（5）详细识读室内立面图，注意立面装饰造型及装饰面的尺寸、范围、选材、颜色及相应做法。

（6）查看立面标高、其他细部尺寸、索引符号等，如图 5-15 所示。

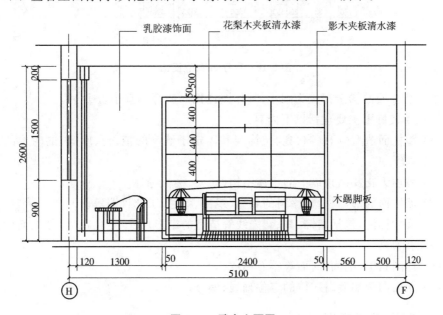

图 5-15　卧室立面图

5.5.4　墙柱面装修图

墙柱面装修图主要表示建筑主体结构中铅垂立面的装修做法。对于不同性质、不同功能、不同部位的墙柱面，其装修的繁简程度差异也较大。图 5-16 是客厅的主墙面（参见图 5-13 的 A 向立面图）装修立面图，图中详细表达了客厅墙面上的装饰造型，如地柜、精品柜、壁龛、浮雕、装饰抹灰等的形状、大小。该立面图实质上是客厅的剖面图。与建筑剖面图不同的是，它没有画出其余各楼层投影，而是重点表达该客厅墙面的造型、用料、工艺要求等，以及天花部分的投影。同时，对于活动的家具、装饰物等都不在图中表示。A 向墙面立面图是将客厅的天花板、楼地面剖开后画出的，所以它也可同时作为表达天花装修构造的剖面图。

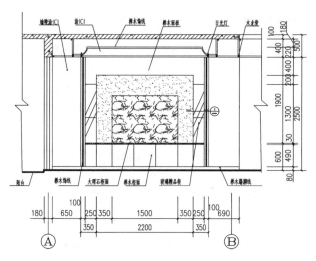

图 5-16　客厅 A 向立面图

由于墙柱面的构造都较为细小,其作图比例一般都不宜小于1:50。

墙柱面装修图主要包括以下内容。

(1)墙柱面造型(如壁饰、龛、装饰线和固定于墙身的柜、台、座等)的轮廓线、壁灯、装饰件等。

(2)吊顶天花及吊顶以上的主体结构(如梁、楼板等)。

(3)墙柱面的饰面材料、涂料的名称、规格、颜色、工艺说明等。

(4)尺寸标注,包括壁饰、龛、装饰线等造型的定形尺寸,定位尺寸,楼地面标高、吊顶天花标高等。

(5)详图索引、剖面、断面等符号标注。

(6)立面图两端墙、柱、体的定位轴线、编号。

5.5.5　节点装修详图

节点装修详图(简称节点详图)指的是装修细部的局部放大图、剖面图、断面图等。由于在装修施工中常有一些复杂或细小的部位,在以上所介绍的平、立面图样中未能表达或未能详尽表达时,则需使用节点详图来表示该部位的形状、结构、材料名称、规格尺寸、工艺要求等。虽然,在一些设计手册(如标准图册或通用图册)中会有相应的节点详图可套用,但由于装修设计往往具有鲜明的个性,加上装修材料、工艺做法的不断推陈出新,以及设计师的新创意,能套用标准节点详图的并不多,因此,节点详图是装修施工图中不可缺少的,而且是具有特殊意义的图样。

图 5-17 是图 5-16 的客厅 A 向墙面"精品柜的节点详图"。图中详尽地表达了这些较为复杂部位的构造、材料、涂料、尺寸、工艺说明等;并画出这些部位的骨架(木龙骨)构造形式以及骨架与主体结构(墙、梁、板等)的联系。

　　节点详图选用较大的比例作图,一般不宜小于 1:30,对于特别复杂或细小的部位甚至用到 1:1 的比例。

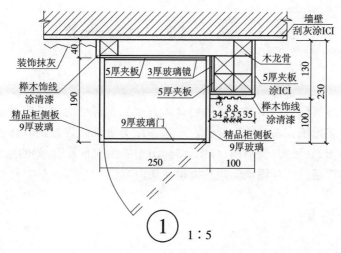

图 5-17   墙面精品柜节点详图

第6章 施工图实例

本章以实际工程为例讲解施工图的具体读法。本部分为施工图最前边的"建筑设计说明",施工图纸在书后插页部分。所选图纸为最具代表性的几张图纸,包括建筑图中的平面图、立面图、剖面图、详图,结构图中的基础布置图、梁的配筋图、柱的平面布置图。希望通过实际图纸运用前文讲述的内容。

建筑设计说明

一、设计依据
1.××市规划局对本建筑方案的批复

××规划局对本项目批复的规划平面图

2.建筑单位提供 1:500 地形图

3.建设单位提供的设计条件及方案修改和确认意见

4.现行的中华人民共和国及当地有关部门颁布的有关设计规范,标准和政策

(1)《民用建筑设计通则》(GB 50352—2005)。

(2)《工程建设标准强制性条文》房屋建筑部分(2011 年版)。

(3)《 建筑设计防火规范》(GB 50016—2006)。

(4)《住宅设计规范》(GB 50096—2011)。

(5)《城市居住区规划设计规范》(GB 50180—93(2002 年版))。

(6)《无障碍设计规范》(GB 50763—2012)。

(7)《住宅建筑规范》(GB 50368—2005)。

二、项目概况表

表 6-1 工程概况表

工 程 名 称	锦绣林语(A 组团)11 号楼	建筑分类		多层住宅楼
建 设 地 点	××市	建筑物使用性质		多层住宅楼
建 设 单 位	××公司	设计使用年限		50 年
耐 火 等 级	二级	抗震设防烈度		7 度
结 构 形 式	框架结构	建筑面积(平方米)	住宅	3390.25 m²
屋面防水等级	二级		公建	505.02 mm²

三、设计标高

（1）本设计单体定位详见总平面位置图；本工程±0.000 相当于绝对标高见总平面图。

（2）各层标注标高为完成面标高（建筑面标高），屋面标高为结构面标高。

（3）本施工图除标高及总平面定位尺寸以米（m）为单位外，其他尺寸均以毫米（mm）为单位。

四、消防设计

（1）本工程的建筑耐火等级为二级；建筑所采用的建材构部件，均应符合相应的耐火等级和耐火极限。

（2）住宅设置独立的人行出入口，满足消防设计要求。防火门应严格符合规范要求的耐火时间，并应采用经消防部门认可的生产厂家产品。本工程均采用岩棉保温板保温，满足 A 级燃烧性能。

五、设计构造

1.墙体

（1）需做基础的隔墙除另有要求外，均随混凝土垫层做元宝基础。

（2）墙身防潮层：在室内地坪下 60 mm 处做 20 mm 厚、1:2 水泥砂浆（内掺 3%～5%防水剂）的墙身防潮层。散水以上未做防水的墙做 700 高（散水以下 300 高）、20 mm 厚、1:2 水泥砂浆（内掺 3%～5%防水剂）的竖向防潮层。

（3）外围护墙除特殊标注外，均采用 240 厚轻集料混凝土小型空心砌块外贴 100 厚保温材料；分户墙除特殊标注外，均采用 200 厚轻集料混凝土小型空心砌块；楼梯间隔墙为 200 厚轻集料混凝土小型空心砌块；在公共空间内满设 6 厚胶粉聚苯颗粒保温砂浆保温。风井墙为 120 厚实心砖；户内隔墙为 100 厚轻集料混凝土小型空心砌块砌筑；户内卫生间隔墙及厨房挂吸油烟机的墙体采用 120 厚非黏土实心砖砌筑。

（4）所有管道井内壁均用 1:2 水泥砂浆抹面，厚度 20 mm；做保温的先找平，保温层外侧再抹灰；无法二次抹灰的竖井，均用砖砌砂浆随砌随抹平、赶光。各类风井、烟井内壁应光滑、平整。

（5）填充墙与框架梁柱间墙面应加 φ1@20 宽 200 mm 的热镀锌钢丝网或耐碱玻纤网抹面。

（6）所有室内墙体安装设备箱都需要开通，留洞时应采取如下措施：箱背面先抹 30 厚胶粉聚苯颗粒保温浆料，钉挂直径为 4 mm 的热镀锌钢丝网后再抹灰（要求钢丝网的尺寸比洞口的尺寸每边大 150 mm），箱顶做过梁。

（7）嵌于墙内的消火栓箱后衬防火板 30 mm 厚，向走廊凸出。

（8）卫生间墙体根部预先浇筑 120 mm 高、与墙同宽的 C20 素混凝土导墙（门洞除外），1.8 m 以下墙面使用水泥砂浆抹灰。

（9）所有预埋件均须做防腐处理，所有明露铁件均刷防锈漆一道，再做面屋处理。

（10）本工程中的砂浆均采用商品砂浆。未埋入土中墙体采用 Mb5 混合砂浆砌筑,埋入土中的墙体采用 M5 水泥砂浆砌筑,具体构造措施详见该产品技术规范,并符合强度、隔声及相应部位耐火极限的要求。

（11）隔墙砌至梁或板底,墙端部及柱间均设置构造柱。砌块墙体结构构造详见《混凝土小型空心砌块墙体结构构造》（05G613）。

2. 墙体楼板留洞及封堵

（1）砌筑墙及楼板预留洞见本专业的设备图。

（2）砌筑墙体上的预留孔洞及埋件需在施工时预留,不得事后剃凿。施工前需相关专业确认后方可施工。

（3）预留洞的封堵:砌筑墙留的管道洞待管道设备安装完毕后,用 C15 细石混凝土填实;防火墙上留洞的封堵用 C15 细石混凝土填实（耐火极限 3 小时）。住宅卫生间楼板留洞应做好封堵,面层做法见构造表,向地漏处找 1% 坡。

（4）墙体预埋件处的留缝,用发泡胶充满,达到隔热桥及防渗水、防漏水到保温层内。在靠外表面穿洞口处用高质量密胶封严。埋件处空心砌块用 C20 细石混凝土填实。

3. 防水工程

（1）屋面防水。

① 屋面应按《屋面工程技术规范》（GB 50345—2012）施工。

屋面防水等级为二级,屋面防水层为二道 3 厚 SBS 改性沥青防水卷材,要求防水耐用年限达到 15 年以上。屋面排水为有组织排水,具体做法见屋面排水示意图及节点详图。水落管颜色同墙面 UPVC100×80 方形雨水管。

② 屋面柔性防水层突出屋面结构的交接处均做泛水,其高度大于或等于250 mm。屋面转角处及设施下部等处做附加增强层,附加卷材（涂膜加聚酯无纺布）,其搭接长度应满足施工规范规定。

③ 凡高低跨屋面处的落水管下均做水簸箕。

④ 出屋面管道或泛水以下穿墙管,安装后用细石混凝土封严,管根四周与找平层及防水层之间留凹槽,嵌满密封材料,且管道周围的找平层加大排水坡度并增设柔性防水,附加层与防水层固定密封;水落口周围 500 mm 内坡度不小于 5%。

⑤ 防水找平层应做分格,其缝纵横间距小于或等于 3 米,缝宽 10 mm,并嵌填密封材料。

⑥ 卷材防水屋面基层与突出屋面结构的交接处,以及基层的转角处,均应做成圆弧。设施基座与结构层相连时,防水层应包裹设施基座的上部并在地脚螺栓周围做密封处理。

（2）卫生间、厨房防水。

① 卫生间、厨房地面均做聚氨酯防水涂膜防水层。

② 卫生间墙面的洗浴部位墙面做 1800 mm 高聚氨酯防水涂膜防水层,厨房四

周墙体上返 900 mm 高聚氨酯防水涂膜防水层。

③ 凡地面设有地漏的均以不小于 1‰ 的坡度坡向地漏。穿楼板管道做防水套管。

（3）其他防水。

① 穿过外墙防水层的管道、螺栓、构件等宜预埋，在预埋件四周留凹槽，并嵌填密封胶。

② 设备横向管道和房间相通时，孔洞应在管线安装调试后将孔隙用建筑密封填实，缝隙采用建筑填嵌材料封堵，套管周围 500 mm 范围内刷渗晶防水剂。

③ 涂料外墙面割缝内填嵌防水密封胶。

④ 外墙门窗洞口外侧金属框与防水层及饰面层接缝处应留 5×7（宽×深）的凹槽，并嵌填密封胶。

⑤ 装饰构架等附属物不能破坏原有的防水层，且应与原有的屋面结构有可靠的连接。

4. 门窗工程

（1）门窗编号、材料、洞口尺寸、门窗分格、开启方式详见门窗表，门窗立面及详图。构造节点由窗生产安装厂家负责。

（2）住宅外窗采用单框双玻璃断桥铝合金窗，外侧为深褐色静电喷塑。住宅内门由住户自行确定，户门为成品保温防盗安全门。

（3）门窗用料和形式根据门窗明细表确定，门窗断面系列及玻璃厚度应由门窗设计制作单位依据国家及地方有关规范、标准及政府专项规定并根据实际情况具体设计确定。加工和安装应严格按照施工验收规范及有关规定、规程进行，并对门窗的工程质量和使用安全负责。特殊门窗应由专业厂家参照相关行业规范进行设计安装和施工。

（4）住宅窗台高度低于 900 mm 时，窗下部应为固定扇。窗玻璃采用夹胶安全玻璃；在窗台上设顶面距地（完成面）900 mm 高的防护栏杆（防护栏杆按照侧推力不小于 800 kN 选材安装）。面积大于 1.5 m² 的门窗及顶层屋面窗玻璃采用钢化安全玻璃。

（5）门窗外推与墙体上下结构面层间的缝隙用聚氨酯发泡填塞，缝隙内外两侧填嵌建筑防水密封膏。

（6）门窗生产厂家要根据饰面材料和土建施工误差调整门窗尺寸。所有外窗下沿距楼（地）面未达到 900 mm 的外窗下部都固定玻璃均采用公称厚度不小于 5 mm 的钢化玻璃。

（7）底层门窗的防盗处理：由建设单位直接向生产厂家定做防盗设施。外窗均向室内开启。

5. 室外工程

（1）建筑物四周设置细石混凝土散水，900 mm 宽走向及标高配合总图。

（2）室外台阶顶面标高均低于室内地坪 20 mm，防止雨水倒灌。

（3）室外回填土部分必须保证土质要求，分层夯实。

（4）其余场地、绿化、建筑小品等部分另详见专门的环境设计。

6. 室外装修

（1）外装修设计和做法索引见各立面图和节点详图。

（2）承包商进行二次设计的轻钢结构、装饰物等，需向我方提供预埋件的设置要求，需要增加结构荷载的应提前告知以便进行验算。信报箱、住宅防护栏杆均由建设单位统一安装，形式自理。

（3）外装修选用的各项材料其材质、规格、颜色等，均由施工单位提供样板，经建设和设计单位确认后封样。

7. 室内装修

（1）内装修工程执行《建筑内部装修设计防火规范》（GB 50222），楼地面执行《建筑地面设计规范》（GB 50037），并据此验收。内装修设计和做法详见材料做法表及甲方另行委托的装修设计图纸。

（2）内墙普通粉刷阳角均做 1:2 水泥砂浆护角，1200 mm 高。

（3）图纸中超越土建装修设计界限的装修部分，仅供建设单位装修时参考，凡涉及围护用的栏杆，装修时必须安装牢固，以保证安全。

8. 建筑材料和装修材料的规定

（1）民用建筑工程所使用的砂、石、砖、水泥、商品混凝土、混凝土预制构件和新型墙体材料等无机非金属建筑主体材料，其放射性指标限量应符合表 1 的规定。

（2）民用建筑工程所使用的无机非金属装修材料，包括石材、建筑卫生陶瓷、石膏板、吊顶材料、无机瓷砖黏结剂等，进行分类时，其放射性指标限量应符合表 2 的规定。

表 1　无机非金属建筑主体材料放射性指标限量

测定项目	限　量
内照射指数（1 RA）	≤1.0
外照射指数（1 v）	≤1.0

表 2　无机金属建筑装修材料放射性指标限量

测定项目	限　量	
	A	A
内照射指数（1 RA）	≤1.0	≤1.3
外照射指数（1 r）	≤1.3	≤1.9

（3）建筑主体材料和装修材料放射性指标的测试方法应符合现行国家标准《建筑材料放射性核素限量》（GB6566－2010）的规定；基础施工以前需检测土壤氡含量是否满足国家规定标准。

六、设计联系

（1）本工程需密切配合结构、水、暖、电等各工种图纸，严格按图施工，施工中出现问题需及时同我院联系解决,本说明未详尽处需严格遵守国家现行的各项施工验收规范进行施工验收,在建筑消防和建筑主体等验收时,应通知设计人员参加,否则设计人员有权拒签有关验收文件。

(2)本图须经消防局,审图办等部门审核,经审查同意后方可进行施工。

(3)本工程按正常条件设计,冬季施工时应采取相应措施。

(4)施工中选用的建筑材料必须符合建筑材料标准,环保要求及行业规范的要求。

参考文献

[1] 中华人民共和国住房和城乡建设部,中华人民共和国国家质量监督检验检疫总局.GB/T 50001—2010 房屋建筑制图统一标准[S].北京:中国计划出版社,2010.

[2] 中华人民共和国住房和城乡建设部,中华人民共和国国家质量监督检验检疫总局.GB/T 50103—2010 总图制图标准[S].北京:中国计划出版社,2010.

[3] 中华人民共和国住房和城乡建设部,中华人民共和国国家质量监督检验检疫总局.GB/T 50104—2010 建筑制图标准[S].北京:中国计划出版社,2010.

[4] 中华人民共和国住房和城乡建设部,中华人民共和国国家质量监督检验检疫总局.GB/T 50105—2010 建筑结构制图标准[S].北京:中国计划出版社,2010.

[5] 中华人民共和国住房和城乡建设部.GB/T 50010—2010 混凝土结构设计规范[S].北京:中国建筑工业出版社,2010.

[6] 中国建筑标准设计研究院.11G101—1 混凝土结构施工图平面整体表示方法制图规则和构造详图(现浇混凝土框架、剪力墙、梁、板)[S].北京:中国计划出版社,2011.

[7] 周佳新,张九红.建筑工程识图[M].北京:化学工业出版社,2008.

[8] 周佳新,姚大鹏.建筑结构识图[M].北京:化学工业出版社,2008.

[9] 魏明.建筑构造与识图[M].北京:机械工业出版社,2008.

[10] 苏小梅.建筑制图[M].北京:机械工业出版社,2009.

[11] 郑贵超,赵庆双.建筑构造与识图[M].北京:北京大学出版社,2009.

[12] 周坚,王红雨.建筑结构识图与构造[M].北京:中国电力出版社,2012.

[13] 冯红卫.建筑施工图识读技巧与要诀[M].北京:化学工业出版社,2011.

[14] 周海涛.建筑施工图识读技法[M].太原:山西科学技术出版社,2009.

[15] 马光红,伍培.建筑制图与识图[M].北京:中国电力出版社,2009.

[16] 孙伟.建筑识图快速入门[M].北京:机械工业出版社,2010.

[17] 王作文.房屋建筑学[M].北京:化学工业出版社,2011.

[18] 袁瑞文.建筑装饰装修工程施工图[M].武汉:华中科技大学出版社,2010.

[19] 张建新.怎样识读建筑装饰装修施工图[M].北京:中国建筑工业出版社,2012.